Photoshop CC

移动UI界面设计与实战

（第3版）

 创锐设计 编著

电子工业出版社

Publishing House of Electronics Industry

北京·BEIJING

内容简介

本书是《Photoshop CC 移动UI界面设计与实战（第2版）》的全新升级。本书从移动UI视觉设计的基础知识出发，通过分析和讲解iOS和Android两大移动操作系统的设计规范和设计技巧，将移动UI视觉设计中的创意思路与操作案例有机地结合在一起，力求在帮助读者提高UI界面制作能力的同时，拓展移动UI视觉设计的创造思路。本书中包含了大量精美的界面元素、应用程序界面视觉设计的案例，利用较为详细的布局规划、创意思维、配色方案、组件分析等部分来对案例的创作思路进行阐述，告诉读者移动UI视觉设计的创作技巧。

本书包含3篇，共12个部分的内容。第1篇（Part 1~Part 3）介绍移动UI视觉设计的基础知识，Photoshop软件的常用操作功能，以及移动UI界面中基础元素的设计规范；第2篇（Part 4、Part 5）分别对iOS和Android两大移动操作系统进行有针对性的讲解，通过相关的案例介绍移动UI视觉设计的制作方法和技巧；第3篇（Part 6~Part 12）以完整的App界面设计为主要内容，展示出不同风格移动UI界面设计的特点和制作方法。

本书赠送了配套资源，其中不仅提供了书中实例的源文件、素材文件和视频，还赠送了Photoshop软件教学视频（解决读者对软件学习的需求）。本书适合移动设备UI视觉设计的初学者，同时对Photoshop使用者、平面设计师和App开发设计人员也有较高的参考价值。

图书在版编目（CIP）数据

Photoshop CC移动UI界面设计与实战 / 创锐设计编著. -- 3版. -- 北京：电子工业出版社，2021.10

ISBN 978-7-121-42087-0

Ⅰ. ①P… Ⅱ. ①创… Ⅲ. ①移动电话机 – 应用程序 – 程序设计②图像处理软件 Ⅳ. ①TN929.53②TP391.413

中国版本图书馆CIP数据核字(2021)第190659号

责任编辑：孔祥飞
印　　刷：北京天宇星印刷厂
装　　订：北京天宇星印刷厂
出版发行：电子工业出版社
　　　　　北京市海淀区万寿路173信箱　　　邮编：100036
开　　本：720×1000　1/16　　　　印张：18.5　　　　字数：384.8千字
版　　次：2015年6月第1版
　　　　　2021年10月第3版
印　　次：2024年7月第3次印刷
定　　价：99.00元

凡所购买电子工业出版社图书有缺损问题，请向购买书店调换。若书店售缺，请与本社发行部联系，联系及邮购电话：（010）88254888，88258888。

质量投诉请发邮件至zlts@phei.com.cn，盗版侵权举报请发邮件至dbqq@phei.com.cn。

本书咨询联系方式：（010）51260888-819，faq@phei.com.cn。

前　言

在当前科技高速发展的今天，移动设备已经成为人们生活和娱乐的必需品之一，移动设备的用户界面及体验越来越受到用户的关注。对一款优秀的App而言，其界面的视觉设计将起着关键性的作用，它是除交互式设计外，用户能够直接接触到的部分。如果把App的功能比作人的肌肉和骨骼，那么移动UI的视觉设计就是人的外貌和品格，是一款成功的App必不可少的重要组成部分。设计师如何才能设计出让人过目不忘且实用美观的界面呢？在本书中你可以找到答案。

本书从移动UI界面设计的基础开始，针对iOS和Android两大移动操作系统，讲述移动UI视觉设计的创意收集、设计重点、制作规范等一系列的知识，将理论与实践进行有机结合，通过从无到有、从局部到整体的方式讲解App的界面设计，帮助读者建立正确、实用的移动UI视觉设计的思路与方法。

本书内容梗概

鉴于Photoshop软件的新版本已经发布，iOS和Android系统的设计变化较大，本书相对于《Photoshop CC 移动UI界面设计与实战（第2版）》进行了以下升级：将书中的手机界面替换为全面屏手机界面；对iOS和Android系统设计部分更新文字和图例（因为这两大手机系统升级了好几个版本，与《Photoshop CC 移动UI界面设计与实战（第2版）》中的内容区别很大）；将书中使用的Photoshop软件版本升级到Photoshop CC 2020；除了配套案例视频、素材、源文件，还免费赠送了增值资源，如配套教学PPT、Photoshop教学视频。

第1篇（Part 1~Part 3）：介绍移动UI视觉设计的基础知识，讲解移动UI视觉设计所使用到的Photoshop软件的常用操作功能，以及移动UI界面中基础元素的设计规范。

第2篇（Part 4~Part 5）：对iOS和Android两大移动操作系统进行有针对性的讲解，从界面的图标、设计风格等角度入手，讲述其各自的区别与特点，并利用相关的案例来介绍移动UI视觉设计的制作方法和技巧。

第3篇（Part 6~Part 12）：以完整的App界面设计为主要内容，通过对界面布局、创意、配色和组件等进行详细的分析，用不同功能的App的创作思维和制作步骤来展示不同风格的移动UI界面设计的特点和制作方法。

本书特色分析

全面而系统的知识体系：书中对两大主流系统的设计规范和风格进行了详细的介绍，通过图文并茂、层次清晰的方式直观地展示出全面而系统的移动UI视觉设计相关知识，帮助读者了解和掌握与移动UI视觉设计相关的概念和必备的基础知识。

精辟的设计思路剖析：在本书的案例中，针对案例设计的创意思路、设计来源等进行了详细的阐述，帮助读者形成自己的设计思维，并将设计创意分析与软件操作相互结合，让读者在提升移动UI界面制作技能的同时，拓展创意和设计思维。

呈现精美的设计案例：书中包含了大量精美的App设计案例，每个案例都根据不同类型和功能的App进行构思和创作，并将平面设计的知识和软件应用的知识贯穿其中，可以帮助读者快速提高设计的思维灵活性和软件操作技能。

海量而完善的配套资源：在本书的附赠资料中不仅提供了书中实例的源文件、素材文件和视频，还赠送了Photoshop软件教学视频。读者可以边看边练习，即学即用。

尽管笔者在编写过程中力求准确、完善，但是书中难免会存在疏漏之处，恳请广大读者批评与指正。也欢迎大家加入QQ群（QQ群号码：111083348）进行交流。

编 者

读者服务

微信扫码回复：42087

· 获取本书配套源文件、素材文件和视频

· 获取Photoshop软件教学视频

· 加入"图形图像"读者交流群，与更多同道中人互动

· 获取【百场业界大咖直播合集】（持续更新），仅需1元

目　录

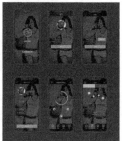

Part 1
移动UI设计基础

　　移动UI的视觉设计是整个应用程序设计中的一个环节，在进行设计之前，让我们一起来掌握和了解一些关于移动UI视觉设计的基础，它包括了移动UI设计的一些概念、设计的原则和如何获得创意和灵感等，此外还包括了当前最主流的三大操作系统的一些介绍。通过对iOS和Android两大移动操作系统的对比认识和差异性的了解，让我们在后续的设计和学习中能够更好地把握界面的设计风格和规范，接下来就让我们一起开始学习吧，共同进入移动UI视觉设计的世界中。

1.1 UI设计存在的意义

移动UI的界面视觉设计，除了建立起人机交互的桥梁以外，还包含了其他更加深层次的含义，在学习UI设计之前，让我们一起来探讨UI设计存在的意义。

1.1.1 人机交互的桥梁

移动设备的UI视觉设计，就是对应用程序的操作界面进行平面设计。我们在使用某个应用程序的通过移动设备界面中的指示、显示来进行操作的，而UI设计的基本含义就是人机交互设计。因而，移动UI的视觉设计最基本的意义就在于成为操作者与设备之间的桥梁，从下图中我们可以直观地看到这一特点。

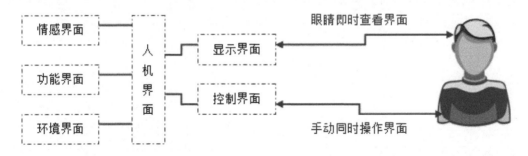

操作者通过眼睛观看界面，手动操作来实现某些功能，在操作的过程中，界面会对用户发出的指令给出一定的反馈，而这些反馈又以视觉化的形式展示在用户的眼前。而好的移动UI界面美观易懂、操作简单且具有引导功能，使用户视觉体验愉悦、提升用户兴趣，拉近用户和机器之间的距离，从而提高使用的效率。所以对整个应用程序而言，UI界面的视觉设计是其组成的重要部分，也是人机交互的桥梁。

1.1.2 操作逻辑系统的展现

当我们进入某个App时，在应用程序的主界面中，会显示出当前程序的一些特殊的、主要的功能。我们根据UI视觉界面来对这些功能进行选择，从而切换到另外一个我们需要的界面。这些具有指引性的提示和操作就是UI视觉设计中操作逻辑系统的展现。右图为某新闻网站的界面框架图。

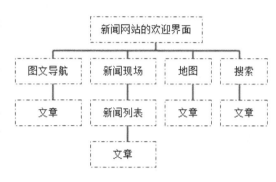

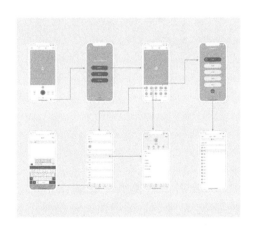

在移动设备应用程序的界面中，会使用多种设计方式来对程序的逻辑思维系统进行指示和提示，例如在界面中添加导航栏、搜索栏、图标栏来展示一些与当前界面或次级界面相关的信息，提示用户进行某些操作。左图为手机应用程序中的框架图，它们中间的很多界面都是相互关联的，可以利用界面中的操作按钮实现返回、前进或进入新界面的操作。这些都是UI设计的意义所在。

1.1.3 展现系统的整体风格

移动UI的视觉设计除了具有人机交互连接、操作逻辑系统展示方面的意义之外，还具有一个重要的意义。在移动设备迅速发展的今天，众多的应用程序脱颖而出，它们各自拥有自己的个性，而这些个性的形成，除了功能上的独特之处，最大的差别就是对界面风格的打造。不同用途、风格的应用程序，其界面的风格也是有很大差异的，它们都力求展示出自己品牌的形象和特点。

如右图所示的美食App的界面设计中，可以看到不论是界面元素的设计、界面布局的格调，以及图片的选择上，风格都非常统一。界面中的元素围绕着橙色、扁平化等关键词展开，在界面的各个位置都做到了高度一致，充分展示出程序的整体特点，让该程序与其他的应用程序可以很轻易地进行区分。

对人机交互的桥梁、操作逻辑系统的展现和整体风格的打造，是移动UI视觉设计的三大主题。以至于它在整个应用程序中的地位都是非常重要的。因为用户在使用和接触应用程序时。最先了解和感受到的就是界面的视觉设计。

1.2 移动UI设计的原则

在设计移动UI界面的过程中，我们需要遵循一些基本的原则，才能让作品符合用户的习惯，不论是视觉上的习惯，还是操作中的习惯。让操作体验和视觉体验更良好。

1.2.1 视觉一致性原则

UI视觉设计中最为重要的原则就是一致性原则。具体表现为用户提供一个一致的界面，意味着用户可以花更少的时间在学习上。因为他们可以将从一个界面制作中得到的经验直接应用到另外一个界面的制作中，使得整个UI体验更加流畅。

在为应用程序设计界面之前，设计者首先会对界面的风格进行定义。而定义风格会由应用程序的市场定位、功能特点等因素来决定。完成风格的定位之后，我们就可以开始着手设计一些单个的界面元素，而这些界面元素也就是组成完整界面的个体，如下左图所示。在设计界面元素时，我们要把握好外形、材质、颜色等方面的问题，力求整套界面元素都是统一的风格。完成界面元素的创作后，再将这些元素具体应用到每个界面中，组成一个完整的界面，如下右图所示。那么整个应用程序的就会形成一个统一的风格。

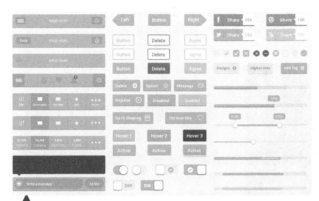  

设计若干个界面元素，包括按钮、图标、滑块、导航栏、图标栏等，从颜色、材质和外观上定义元素的风格

将确定的界面元素进行组合，形成完整的界面，构成统一的视觉

每一个设计都有不同的视觉表现，形、色、质相辅相成。每一个界面也有不同的组成元素，包括文字、组件、图标。每一个组成部分都有特定条件下的前提以促成他们在视觉表现上的一致性。一致性原则的视觉表现并不是将我们最终所能获取到的前提点全部满足，而是根据界面系列的不同属性，对所有一致性的前提点根据属性来抽取组合，达成某一主题下的界面视觉效果一致性。

在很多人看来设计是感性的，因此就注定每个应用程序都会根据该程序的特点形成自己的风格。而要保持界面中元素风格的统一，也就是要遵循UI视觉设计的一致性原则。这也是设计应用程序界面需要注意的最基本的问题。

1.2.2 视觉简易性原则

移动UI视觉设计的基本意义，我们在前面已经讲过，它的存在是为了让用户与程序之间得到更好的交流和互动。而移动UI设计的视觉简易性原则，就是设计的界面要直观、简洁，给人一目了然的感受。

移动UI视觉设计是要让用户便于使用、便于了解，并能减少用户发生错误选择的可能性。保持简洁，在优秀的设计中看不到华而不实的UI修饰，或是用不到的设计元素。换而言之，其必要的元素一定是简洁且有意义的。下图为iOS系统中的界面设计，它们严格遵循了简约、直观的设计原则，将界面中的修饰完全清除，减少了用户思考的时间，但是并没有造成用户认知和操作上的失误。

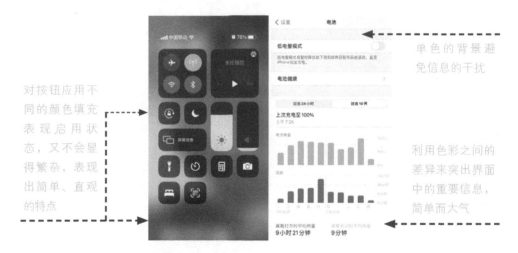

当我们在设计某个应用程序界面的时候，如果要为界面添加上一个新的功能或界面元素时，先问问自己，用户真的需要这些吗？这样的设计是否会得到重视？而自己在考虑添加新元素的时候，是不是出于自我喜好而添加的？值得注意的是设计中一定不要让UI设计出太多的风头，而削弱了程序本身的功能，要让视觉设计与功能相互平衡，寻求一个最佳的点，在体现出UI视觉设计的特点和风格的同时，简单而直观地展示出程序的功能。

1.2.3 从用户的习惯考虑

想用户所想，做用户所做，用户总是按照他们自己的方法理解和使用产品。移动UI的视觉设计的结果是为用户服务的，我们在设计的过程中，更多的是要为用户进行考虑，不论是用户语言使用的习惯，还是用户操作的习惯，或者是认知习惯等，都是设计中需要注意的问题。

从用户语言使用习惯出发，在我们设计的过程中，对按钮上文字内容的设定、菜单中语言的陈述等都要注意一个标准。例如我们对某个操作进行确认，那么在操作按钮中会显示出"确定"或"确认"等，以提示用户进行某项操作。这些可以借鉴其他优秀的应用程序界面的用户语言来进行设定。

除此之外，值得探讨的就是用户的使用习惯，因为用户使用的习惯会对移动UI界面中的布局产生较大的影响。现代的移动电话几乎整个正面是一块屏幕，用户能够看见整个屏幕，并且可能触碰屏幕的任何一个部分用以进行操控。通过仔细观察，在触摸屏幕或按键的用户以三种基本的方式持握他们的手机，一种是单手操作，一种是摇篮式操作，一种是双手操作，除打电话和接电话以外，这三种操作的方式的使用比例如下图所示。

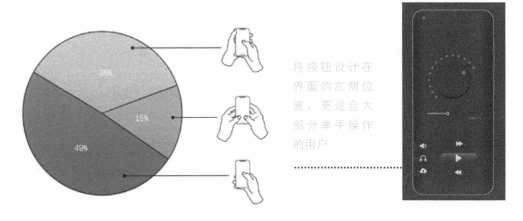

将按钮设计在界面的左侧位置，更适合大部分单手操作的用户

在应用程序的界面中，会存在很多控件，它们会开启或关闭某些功能。用户在使用的过程中，也是依靠这些控件来实现操作的。这些控件的位置摆放，会影响他们的操作体验，操作起来是否顺手、方便，是检验UI设计是否遵循用户操作习惯的标准。掌握了用户使用手机的操作习惯，在设计中可以将一些重要的功能放在界面的两侧，以方便用户进行单手操作，而将一些次要的功能放在界面的顶部。

1.2.4 操作的灵活性及人性化

移动UI设计的灵活性，简单来说就是要让用户方便使用。但不同于上述所讲的习惯性原则，而是强调互动的多重性，不局限于单一的界面元素，如鼠标、键盘或手柄、界面等。这要求在设计的过程中要从整个应用程序的交互式体验入手，在每个界面中安排合理的界面元素，让用户能够灵活、自由地控制程序的运行。

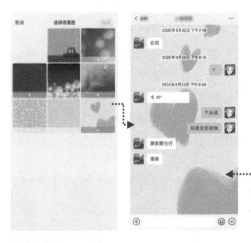

高效率和用户满意度是人性化的体现，即用户可依据自己的习惯定制界面并保存设置。在很多App的设置中，都允许用户自由地设置界面的背景、风格等。这些人性化的功能可以让用户体验到程序多样性和丰富度，这也是程序灵活性的一种表现，如右图所示。

设置多种不同的界面背景，以满足不同使用人群的喜好

1.3 两大主流操作系统的特点对比

iOS系统和Android系统作为当前主流的两大操作系统，它们不论是交互式体验，还是界面风格设计，都有一定的区别，接下来我们就对这两大操作系统的界面设计进行对比。

iOS系统

苹果iOS系统从7.0版本开始，就使用了扁平化的设计风格进行创作。不论是App图标还是界面中的按钮等，都是以简约风格出现的，同时鲜艳的色彩给人的感觉也是清晰、亮丽的，而后续推出的各个版本，也都延续了这个风格。总而言之，iOS系统追求的就是简约、大方的设计，以及人性化的操作，左图为iOS系统的界面展示效果。

Android系统

　　Android系统一直以来推崇的是较为开放式的设计。在初期的时候，Android系统的图标、界面控件给人较为真实、拟物化的视觉效果。相比较iOS系统而言，Android系统的界面显得更炫，界面元素拥有了更多的特效。随着系统的升级，Android系统也逐渐向扁平化方向发展，但是因其开放性的特点，也有很多厂家会定制个性化的设计效果。左图为Android系统的界面展示效果。

1.4　不同系统UI视觉的主要组成要素及特征

　　每个不同的系统都有自己的一套规则，它们会对界面的基本元素的设计进行规范。接下来就让我们一起来学习三大系统的组成要素和特征，了解不同系统的设计要点。

1.4.1　iOS系统中的组成要素及特征

　　iOS系统从7.0版本开始就实行了扁平化的设计理念。将界面元素中的一切修饰，如投影、内阴影、发光等特效清除，通过色彩的差异、形状外观等界面元素最基本的属性来区分各个功能控件，极大地减轻用户视觉上的负担。如下图所示为该系统界面的基本组成要素。

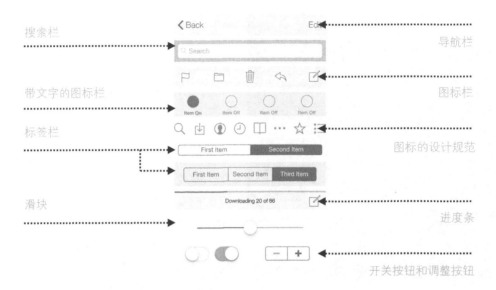

搜索栏　　　　　　　　　　　　　　　　　　　　导航栏

带文字的图标栏　　　　　　　　　　　　　　　　图标栏

标签栏　　　　　　　　　　　　　　　　　　　　图标的设计规范

滑块　　　　　　　　　　　　　　　　　　　　　进度条

　　　　　　　　　　　　　　　　　　　　　　　开关按钮和调整按钮

　　从上图中可以看出，iOS系统剔除了拟物化的图标和效果，色彩也更加单一。苹果针对iOS系统的设计指南推崇简单、朴素及易用，但是设计指南并没有集中关注扁平化设计的规格和技术参数。

　　表面上看，iOS系统中导航栏的文本充当了按钮，其实本质上是对按钮进行了无边框设计。此外，还删除了应用程序中的网格线。这样一来，屏幕上就有了更多开放空间，这种简约风格和附加的白色区域可以让用户直观感受到按钮所在的地方，而不是真实地把它们绘制在设计中，如左图所示。我们在针对该系统设计App的过程中也要考虑这些设计规范上的问题。

1.4.2 Android系统中的组成要素及特征

　　早期的Android OS没有统一的设计，UI是自定义的，不同厂商的设备在不同的版本间徘徊。系统多版本带来的问题就是缺乏交互、UI的一致性，外加硬件厂商热衷于UI的个性化发挥，所以影响到了Android用户的使用体验。iOS系统的设计风格已经成型，设计规范也得到了广泛认可，Android平台却有很多不确定的因素，可以这样设计，也可以那样设计，没有硬性的规范。

　　想要Android像iOS一样进行严格统一还是比较难的，但是自从Android 3.0系统以后，Android就对UI设计规范进行了梳理，推出了自己的UI设计规范。规范的主要目的在于统一Android设计思想，从视觉设计、UI模式、框架特点、前端开发等方面去指导、影响后续开发者。下图为Android系统界面中的一些组件的设计。

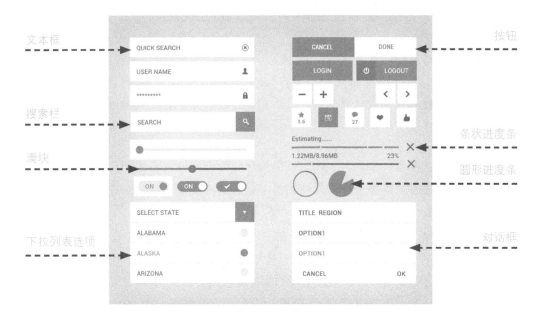

　　从上图所示的Android的界面设计规范来看，其效果类似扁平化的设计，但并不是完全的扁平化设计，可以称之为简约化设计，因为在界面元素的设计中没有过多的修饰。

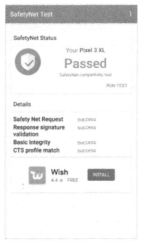

从左图所示的Android系统的界面设计来看，可以看到其界面中的部分组件还是有淡淡的阴影效果的，但是界面的用色和图标等元素却使用了较为简约的设计来进行创作。我们在针对Android系统进行App创作的过程中，既要遵循这些规范，也要努力进行创新和尝试，让自己的设计脱颖而出。

1.5 认识移动终端的分辨率和像素

分辨率和像素是进行移动UI视觉设计中最常遇到的问题，它会对我们设计界面的尺寸、清晰度产生影响。在本小节中我们将对这两个概念进行讲解，具体如下。

移动设备的配置，如CPU、GPU、镜头这些内部元件，普通用户不能用肉眼去感受它的好坏优劣。影响用户最直观感受的配置便是屏幕，屏幕亮度材质、显示是否细腻、在强光下是否显示正常等，这些都是评价一块屏幕是好还是坏的依据。

首先我们先对像素的概念进行讲解，像素是由Picture（图像）和 Element（元素）这两个单词的字母所组成的，是用来计算数码影像的一种单位。如同摄影的相片一样，数码影像也具有连续性的浓淡色调，若把影像放大数倍，我们会发现这些连续色调其实是由许多色彩相近的小方点组成的。这些小方点就是构成影像的最小单位，即像素。下图为不同移动设备放大后显示的像素颗粒效果。这种最小的图形的单元能在屏幕上显示的通常是单个的染色点，越高位的像素，其拥有的色板也就越丰富，越能表达颜色的真实感。

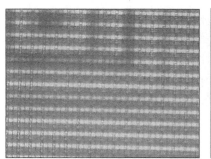 

　　分辨率就是屏幕图像的精密度，是指显示器所能显示的像素有多少。由于屏幕上的点、线和面都是由像素组成的，可显示的像素越多，画面就越精细，同样的屏幕区域内能显示的信息也就越多，所以分辨率是非常重要的性能指标之一。我们可以把整个图像想象成是一个大型的棋盘，而分辨率的表示方式就是所有经线和纬线交叉点的数目，下图为不同移动设备，在不同分辨率下等比例放大后的显示效果，可以感受到分辨率高的屏幕显示的图像效果越精细。

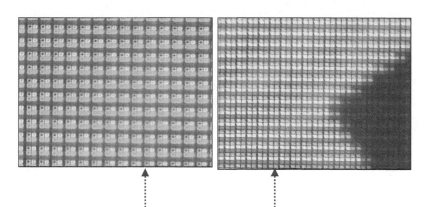

屏幕在单位范围内像素个数为
14×11=154个

屏幕在单位范围内像素个数为
17×13=221个

1.6 移动UI的创意与灵感收集

移动UI界面的视觉设计不是凭空而来的，它需要我们在平时的生活和工作中多收集一些讯息，以及学会多种设计思维，将脑海中的想法转换为灵感和创意。

1.6.1 各种经验和灵感的记录

许多艺术家携带笔记本同行，以便随时记录周遭发生的趣事。我们在进行移动UI界面设计的期间，也可以随时将笔记本带在身上。当遇到有趣的事件，或者对界面的各个方面有想法时，及时将这些想法记录下来。

随身携带纸和笔，记录脑海中的灵感

除了使用记录的方式收集灵感，还有两种办法可以收集灵感，那就是间接收集和直接收集。间接收集不带特殊目的，只要"有趣"即可收集，在日后的项目中可能会派上用场。

另外，我们还应进行发散性思维，从身边较普通的事物上发现更多有趣的东西，挖掘出事物的本质，将其进行应用，如下图所示。

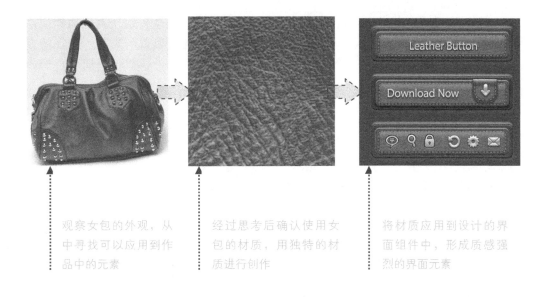

观察女包的外观，从中寻找可以应用到作品中的元素

经过思考后确认使用女包的材质，用独特的材质进行创作

将材质应用到设计的界面组件中，形成质感强烈的界面元素

1.6.2 将对象抽象化

　　抽象化是指以缩减一个概念或是一个现象的信息含量来将其广义化的过程，主要是为了只保存和一特定目的有关的信息。例如，将一个皮制的足球抽象化成一个球，只保留一般球的属性和行为等信息。相似地，亦可以将快乐抽象化成一种情绪，以减少其在情绪中所含的信息量。

　　例如我们经常会接触到的移动设备中的浏览器——UC浏览器。以前UC浏览器的标志是一只非常可爱的松鼠，相信大家都不会陌生。而新的标志依旧是一只松鼠，但更加抽象化，更加简约，如下图所示。

采用松鼠作为标志形象，是因为松鼠是世界上跑得最快的小动物，其能代表UC浏览器"极速"与"小巧"的特点

新标志设计由多块形状不一的七巧板拼接而成，寓意了UC浏览器"智能"的特点，而简约的单色设计则寓意UC浏览器的"安全"特点，显得更抽象

抽象化主要是为了使复杂度降低，以得到较简单的概念，好让人们能够控制其过程或以宏观的角度来了解许多特定的事态。抽象化可以以不失其一般性的方式包含着每个细节的层级，对细节进行渐进、加深。下图为移动UI界面设计中为某婚恋网站的App设计图标的思维过程。

现实生活中我们印象中的情侣的场景，其中包含了色彩、情感、细节等多种信息

将真实画面的情侣简图像简化为剪影效果，包含画面中大致的场景和外观

将情侣的剪影进行进一步的抽象化设计，只保留最本质的一些外形和情感元素

1.6.3 设计灵感的转移

詹姆斯·韦伯·杨说："创意就是旧元素的重新组合"其实套用在移动UI的界面设计上也一样适用，一个好设计可以套用、借鉴和置换后成为一个新的设计。

例如，把表现厨卫刀具的"薄"运用到"超薄手机"上，把表现汽车速度快的方式运用到快递"速递"上，等等。运用好的话可能成为一个伟大的创意，如果拿捏不好尺度就容易让人觉得有抄袭的嫌疑。

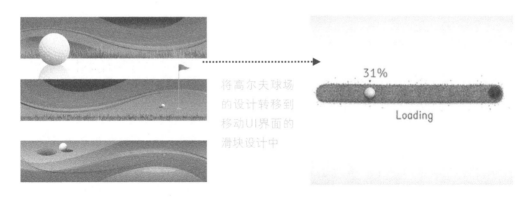

将高尔夫球场的设计转移到移动UI界面的滑块设计中

　　其实在很多时候，创意灵感的转移并没有我们想象得那么困难。由于移动设备的界面尺寸有限，因此我们能够发挥的设计空间也没有广告平面设计那么大，更多的时候，我们只要将界面中的部分信息或元素进行艺术化处理，将其以另外一种方式表现出来即可。通过借鉴其他事物的外形、材质等来对界面元素进行艺术化包装。

　　如下图所示的天气界面的设计中，设计者将天气度数与树枝、糖果、花朵等实物联系起来。通过堆叠的方式，利用实物填充来达到外形上的要求，制作出令人耳目一新的视觉效果。这样的设计也是创意转移中的一种较为简单和直接的借用。

　　设计灵感的转移，一定要让两者之间产生一定的共通性。不论是相同的材质、还是运动原理、相似的外形等，都是创意转移的根本点和依据，不能凭空创造。

1.7 移动UI的视觉设计流程

整个App的设计包括交互设计、用户研究与界面设计三个部分，而本书中主要涉及的内容为移动UI的视觉设计。接下来我们就对设计的流程进行讲解。

移动UI的视觉设计只占到整个App设计中的一小部分。在研发App的过程中，会有很多人员参与进来，界面的视觉是展示在用户面前最直观的感受，也是整个App设计和开发中最为重要的环节之一。下图为一个完整的App设计和研发的流程，其中红色圆圈标注的"设计"流程即为移动UI的视觉设计环节。

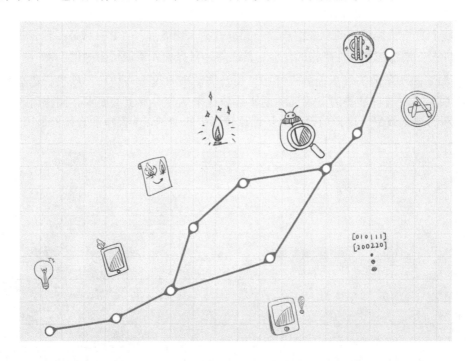

在移动UI视觉设计中，包含了四个基本的步骤。首先根据受众群的喜好、特点等构思界面的风格，其次对界面进行设计造型，规划出界面的布局，以及设计出界面组件，再次对界面的色彩进行定位，最后将设计的组件组合在单个界面中，形成完整的视觉效果，具体如下图所示。

构思风格　　　　设计造型　　　　颜色定位　　　　细节整合

在构思风格环节中，设计师会先对该程序的目标使用人群进行分析，同时结合该程序的特点和市场定位，构思出界面的风格。这是设计的第一步，也是最关键的一步，它将影响着接下来的设计和创作。例如为新闻网站设计App，我们首先会认为新闻所报道的内容都是事实，也就代表着具有一定的权威性。因此在定义界面风格的时候，要围绕严肃、理智、权威设计界面风格。

确定了界面风格之后，接下来就可以设计造型了。在设计造型环节包含了多项内容，一个是界面布局的规划，一个是界面组件外观的定义，如下图所示。另外就是对界面组件材质的选择等，这些都包含在这个环节中。

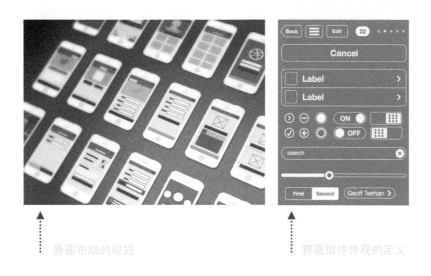

界面布局的规划　　　　　　　　　　　界面组件外观的定义

进入颜色定位环节后，我们就可以在脑海中想象出界面的大致效果了。颜色定位是在移动UI的视觉设计中运用颜色表现界面的美感，使消费者从界面及其外观的颜色上辨认出产品的特点，因为颜色能够给人以美的感受、能令人产生美好的感情，并且可以寄托人们对美好的理想与期望。

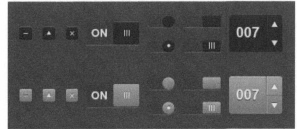

颜色可以传达意念，表达一定的含义，使消费者能够准确区分出企业产品与其他产品的不同，从而达到识别的效果，可见红色和绿色所传递的情感是完全不同的

在移动UI视觉设计的最后一个环节——细节整合环节就是将确定的界面元素组合在一个界面中。在这个环节设计师充当的角色相当于"搬运工"，对界面元素中的文本、数量等进行调整，组合成不同的界面，完成整个设计。必要的时候还可能会根据特殊的界面内容，重新创作做与整体风格相同的其他界面元素。

Part 2

Photoshop在移动UI设计中的常用功能

　　想要呈现出精彩的、完美的移动UI界面效果，就需要在图像处理软件Photoshop中将脑海中浮现的灵感和创意制作出来。利用Photoshop可以绘制出逼真的按钮、扁平化的图标、半透明的界面效果等，这些视觉效果的实现都是依靠若干个工具和命令来完成的。在本章中我们就Photoshop在移动UI设计中常用的功能进行简单介绍，包括绘图工具的使用、图层样式的运用、蒙版的编辑和文字的添加，让读者在后续的创作中能够更加得心应手，设计出令人惊叹的作品。

2.1 绘图工具的介绍

在绘制移动UI界面中的单个元素时，最先需要使用的工具就是Photoshop中的绘图工具。这些绘图工具可以将元素的外观进行展示，以路径的方式控制其边缘和形状。

2.1.1 规则形状的绘制

Photoshop中包含了多种绘制路径和形状的工具，当需要绘制一些标准的、规则的形状时，可以使用"矩形工具""椭圆工具""圆角矩形工具""多边形工具""直线工具"来完成操作。这些工具都具有三种不同的绘图模式，为了便于UI界面元素的编辑和应用，通常会使用"形状"模式进行制作，接下来我们就对这些规则形状的绘制工具进行简单介绍。

矩形工具：可以使用该工具绘制出长方形或正方形的图形效果，在使用"矩形工具"绘制的过程中，只需要单击并拖曳鼠标，就可以绘制任意大小的矩形。如果要绘制正方形，可以按住Shift键的同时进行操作，如下图所示。

圆角矩形工具：该工具可以绘制出带有一定弧度的圆角方形，利用其选项栏中的"半径"选项来控制圆角的弧度。在进行UI设计的过程中，常常使用"圆角矩形工具"来绘制按钮、图标和滑块轨迹等，如下图所示为该工具绘制的效果。

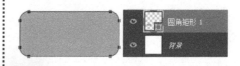

多边形工具：该工具可以绘制出多边的图形，还可以对图形的边数和凹陷程度进行设置。在"多边形工具"的绘制中，可以利用"边"选项对多边形的边数进行控制。在画面中创建不同的多边形或星形效果。如下图所示为该工具绘制的多边形和星形效果及相关设置。

椭圆工具：该工具可以绘制出外形为椭圆或正圆形的形状。在绘制UI界面元素的过程中，该工具常被用作绘制按钮和修饰形状的工具。如下图所示为该工具的绘制效果。

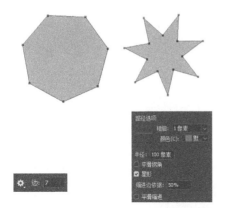

直线工具：该工具用于创建直线、虚线或带有箭头样式的线段。如下图所示为该工具绘制的线段和虚线效果。

2.1.2 自定义形状的绘制

"自定形状工具"可以绘制出丰富的图形形状。在Photoshop中提供了较多的预设形状供用户使用，同时还可以创建具有个性的图形形状，具有很高的自由度。选择工具箱中的"自定形状工具" ，可以看到如下图所示的工具选项栏。

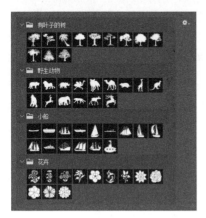

"自定形状工具"最大的特点就是在该工具的选项栏中有一个"形状"选择器，它主要用于选择需要绘制的图形形状。

如果选择"形状"选择器扩展菜单中的"全部"命令，可以将Photoshop中所有的预设形状载入"形状"选取器中。左图为"形状"选择器展开的效果。可以看到其中包含的预设的形状多种多样，有的可以直接应用到UI界面设计中，而有的可以作为蓝本进行修改来获得新的形状，大大提高编辑的效率。

单击"形状"选项后面的三角形按钮，可以打开"形状"选取器。单击右上角的设置按钮，在其中选择"导入形状"命令，可以打开如下图所示的"载入"对话框，选择所需的形状载入当前"形状"选取器中。

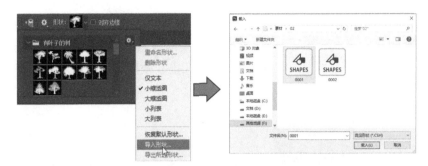

当在"形状"选取器中添加形状后，由于形状的数量较多，选择需要的形状会花费过多的时间。此时可以在扩展菜单中选择"复位形状"命令，将"形状"选取器中的形状显示为默认的预设形状，再根据需要载入合适的形状类型即可。在进行UI界面制作的过程中，经常会使用"自定形状工具"中的预设形状，让形状的编辑更加快捷。

提示：在进行移动UI设计的过程中，加载自定义形状可以提高绘制的效率，那么如何对自定形状文件进行应用呢？只需进入Photoshop的安装目录中，打开Required文件夹，接着进入"预设"文件夹，最后进入"自定形状"文件夹，把需要使用的形状图案的文件复制、粘贴到这个"自定形状"文件夹中即可。

2.1.3 绘制任意所需的形状

想要绘制出任意所需的形状，那就只有使用万能的"钢笔工具"来完成了。"钢笔工具"可以绘制出任意形状的路径，也可以对原有的路径进行更改。

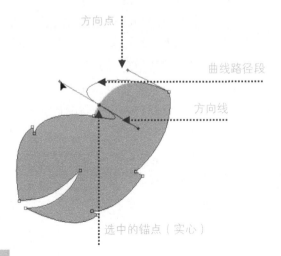

方向点

曲线路径段

方向线

选中的锚点（实心）

在绘制任意形状时，可以使用"钢笔工具"创建称作路径的线条。路径由一个或多个直线或曲线线段组成，每个线段的起点和终点由锚点标记。路径可以是闭合的，也可以是开放的并具有不同的端点。通过拖动路径的锚点、方向点或路径段本身，可以改变路径的形状。

从上图可以看到，路径中包含了曲线路径段、选中的锚点、未选中的锚点、方向线、方向点等。通过这些元素进行组合，就形成了完整的路径效果。

在使用"钢笔工具"的过程中，使用该工具在图像窗口中单击，即可添加一个锚点，如下左图所示。当在另外一个位置单击并拖曳鼠标时，会出现一个曲线段，同时在新添加的锚点的两侧显示出该锚点的方向线，如下中图所示。按住Alt键的同时选中并拖曳方向线，可以对该曲线段的弧度进行调整，如下右图所示。

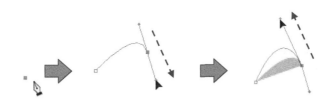

重复添加锚点和调节方向线的操作，绘制出所需的路径。完成路径的绘制后，将"钢笔工具"停留在第一个锚点上时，鼠标显示钢笔形状加圆圈，如下左图所示。单击鼠标即可闭合路径，如果单击后继续拖曳鼠标，可以对闭合点位置的锚点的方向线进行调节，如下右图所示。

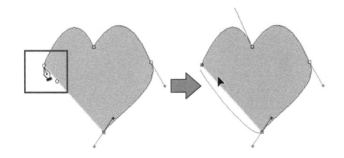

提示：在使用Photoshop中的"钢笔工具"进行移动UI界面制作的过程中，需要把握好路径中方向线和方向点的位置，由此让绘制的形状更加精确。

2.2 图层样式的运用

在进行移动UI设计的过程中，为了让界面中的基础元素呈现出立体化、多样化的视觉效果，常常会使用Photoshop中的图层样式对其进行修饰，接下来我们就对图层样式的应用进行简单介绍。

2.2.1 增强立体感的图层样式

在10种不同的图层样式中，有4种图层样式可以增强移动UI设计元素的立体感，分别为斜面和浮雕、内阴影、光泽和投影，接下来我们就对这4种样式进行单独介绍。

斜面和浮雕

"斜面和浮雕"包括内斜面、外斜面、浮雕、枕形浮雕和描边浮雕表现形式，在众多的图层样式中是设置最为复杂的一个。"斜面和浮雕"样式分为"结构"和"阴影"两个部分，可以从菜单中选择外斜面、内斜面、浮雕效果、枕状浮雕和描边浮雕5种类型，下图为该图层样式设置前后的效果及相关的选项展示。

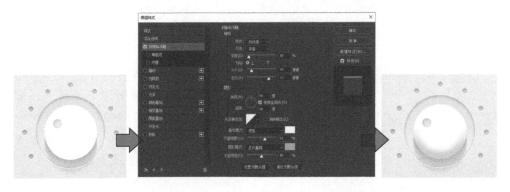

"斜面和浮雕"图层样式的下方可以看到"等高线"和"纹理"两个复选框，如下图所示。利用这些设置选项可以对移动UI设计中的图形对象进行高光和阴影的自由组合，使得编辑的效果更具立体感。

其中的"等高线"用于控制浮雕的外形并定义应用范围。"纹理"可以选择叠加到对象上的纹理并可调整纹理的缩放大小和应用深度。

内阴影

"内阴影"图层样式会在紧靠在图层内容的边缘内添加阴影，使图层具有凹陷外观。"内阴影"样式的很多选项和"投影"样式是一样的，"投影"样式可以理解为一个光源照射平面对象的效果，而"内阴影"样式可以理解为光源照射球体的效果。

在设计某些移动UI基本元素的过程中，为了模拟出凹陷的视觉效果，通常会使用"内阴影"图层样式进行修饰。左图为运用"内阴影"样式前后的对比效果和相关设置。

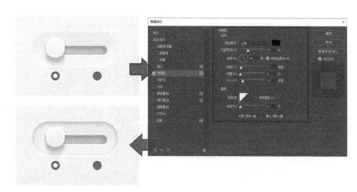

光泽

"光泽"图层样式的应用很难准确把握，微小的设置差别会导致截然不同的效果。"光泽"也可以理解为"绸缎"，用来在层的上方添加一个波浪形或绸缎状的效果，也可以将"光泽"效果理解为光线照射下的反光度比较高的波浪形表面，比如水面所显示出来的效果。下图为使用"光泽"样式前后的效果及相关的设置。

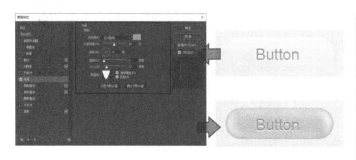

提示：　"光泽"样式应用后的效果会和图层中对象的形状产生直接的关系，图层中对象的轮廓不同，应用之后产生的效果也会完全不同。

投影

"投影"图层样式会在图像的下
方出现一个轮廓和图层中图像的内容相
同的"影子"。这个影子有一定的偏移
量，在默认情况下会向右下角偏移。

右图为添加"投影"样式前后的对
比效果，以及相关的参数设置。

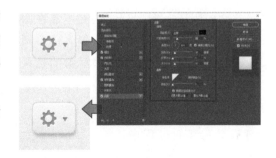

2.2.2 发光效果的图层样式

为了让绘制的形状产生发光效果，可以使用Photoshop中的"内发
光"和"外发光"图层样式来进行操作，它们能够让对象的外部或内部产生自然的发光效果。

内发光

"内发光"样式可以让应用对象的上方多出一个"虚拟"的层，这个层由半
透明的颜色填充，沿着下面层的边缘分布。"内发光"效果可以将其想象为一个
内侧边缘安装有照明设备的隧道的截面，也可以理解为一个玻璃棒的横断面，这
个玻璃棒外围有一圈光源。

下图为应用了"内发光"图层样式前后的文字效果及相关设置。

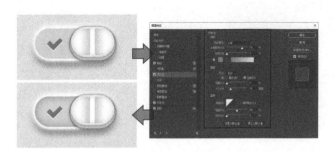

提示：　"方法"选项中的"精确"可以使光线的穿透力更强一些，"较柔软"
表现出的光线的穿透力则要弱一些。

外发光

利用"外发光"样式可以制作出从图像边缘向外发光的效果。打开"图层样式"对话框，在其中勾选"外发光"复选框，可以在右侧对应的选项组中看设置的选项，通过对各个选项的调整可以控制外发光应用的效果。下图为文字应用"外发光"图层样式前后的对比效果及相关设置。

"结构"选项组用于设置外发光样式的颜色和光照强度等属性。"图素"选项组的设置主要用于设置光芒的大小。"品质"选项组中的设置用于设置外发光效果的细节。

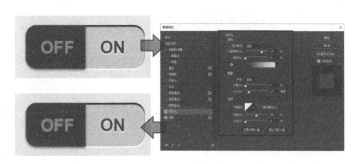

2.2.3 更改色彩的图层样式

为了让移动UI界面中的元素与整个界面的色彩搭配一致，符合美的设计原理，又能非常便利地进行更改和编辑，可以通过对元素应用更改色彩的图层样式。更改色彩的图层样式主要包括了"颜色叠加""渐变叠加""图案叠加""描边"图层样式，接下来我们就对这4种样式进行详细介绍。

颜色叠加/渐变叠加/图案叠加

"颜色叠加"相当于为图层中的对象进行重新着色；"渐变叠加"样式和"颜色叠加"样式的原理是完全一样的，只不过虚拟图层的颜色是渐变的，而不是单一的色块；"图案叠加"可以快速应用纹理和图案，该功能不仅可以通过各种选项对纹理的多个属性进行细致调节，下图为这3种样式的设置选项。

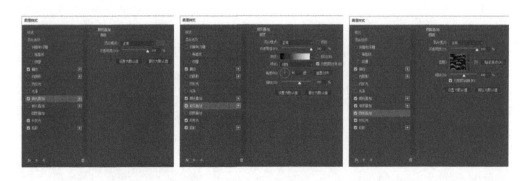

使用"颜色叠加""渐变叠加""图案叠加"样式可以利用其子图层的优势，能够随时对图层中对象的颜色进行更改，这样在UI制作的过程中可以获得更大的编辑空间，可以有效消除填色不当所造成的错误，让操作更灵活。

描边

"描边"样式的设置非常的直观和简单，就是沿着图层中非透明对象的边缘进行轮廓色的创建。在"描边"样式中可以利用"不透明度"和"混合模式"来控制描边所呈现出来的透明度程度，以及轮廓色与下方图层中对象的混合叠加方式。下图为使用"描边"样式前后的编辑效果及相关设置。

"位置"选项则用于对描边位置进行控制，可以使用的选项包括"内部"、"外部"和"居中"，不同的描边位置会对"大小"选项的设置产生影响。

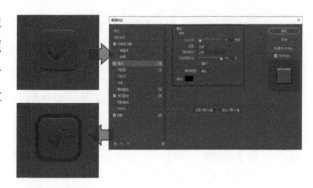

"填充类型"是"描边"样式中较为重要的设置选项。它有3种填充方式可供选择，分别是"颜色""渐变""图案"，都是用来设定轮廓色填充方式的。每种填充类型下的设置选项都不相同。

2.3 蒙版的编辑

蒙版是遮拦在图像上的一块镜片，透过镜片可以看到图像的内容。利用各种蒙版可以快速完成图层之间的显示和隐藏，控制图层的编辑效果和程度，帮助移动UI设计的完成。

2.3.1 图层蒙版

蒙版是一种灰度图像，并且具有透明的特性。蒙版是将不同的灰度值转化为不同的透明度并作用到该蒙版所在的图层中，遮盖图像中的部分区域。当蒙版的灰度加深时，被遮盖的区域会变得更加透明，通过这种方式不但不会破坏图像，而且还会起到保护源图像的作用。下图为利用图层蒙版对UI界面中部分图像进行遮盖的效果，以及其功能原理图示。

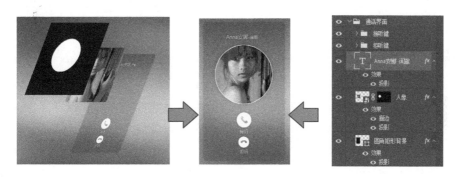

通过在"图层"面板单击"添加图层蒙版"按钮或执行"图层 > 图层蒙版 > 显示全部"菜单命令，可以为当前选中的图层添加白色的图层蒙版。

创建图层蒙版后可以对蒙版进行编辑。在Photoshop中可以进入蒙版的编辑状态，利用多种创建选区工具、颜色工具和路径绘制工具等，都可以对蒙版进行编辑。如果需要直接对蒙版里面的内容进行编辑，那么可以按住Alt键的同时单击该蒙版的缩览图，即可选中蒙版，在图像窗口中将显示出该蒙版的内容，如下图所示。

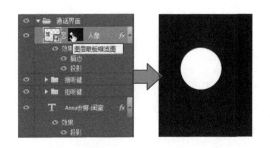

提示：删除蒙版可执行"图层 > 图层蒙版 > 删除"菜单命令，也可在蒙版的"属性"面板中直接单击"删除蒙版"按钮。

创建图层蒙版后，双击蒙版的缩览图，会打开如右图所示的蒙版的"属性"面板。在其中可以查看到蒙版的类型及相关的设置选项，可以对蒙版的边缘进行羽化、控制蒙版的整体浓度、对蒙版的边缘进行调整，以及反相等操作。

单击"属性"面板右上角的扩展按钮 ▼≡，可以打开面板菜单。在其中可进行设置蒙版选项、添加到蒙版区域和关闭等操作。

2.3.2 剪贴蒙版

剪贴蒙版是使用某个图层的内容来遮盖其上方的图层，遮盖效果由底部图层或基底图层决定。基底图层的非透明内容将在剪贴蒙版中裁剪它上方的图层的内容，剪贴图层中的所有其他内容将被遮盖掉。下图为使用剪贴蒙版编辑的效果。

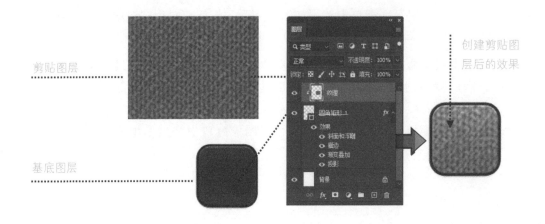

剪贴蒙版是通过处于下方的图层形状来限制上方图层的显示状态的，形成一种剪贴画的画面效果。剪贴蒙版至少需要两个图层才能进行创建，位于下方的一个图层叫作基底图层，位于上方的图层叫作剪贴图层。基底图层只能有一个，但是剪贴图层可以有若干个。

当创建剪贴蒙版之后，上方的剪贴图层缩览图将自动缩进，并且带有一个向下的箭头，基底图层的名称下面将出现一条下画线，如上图"图层"面板中所示。

> 提示：使用快捷键创建剪贴蒙版有两种方法，一种是选中图层，按下Ctrl+Alt+G组合键，即可将当前选中的图层创建为剪贴蒙版；另外一种方法是打开"图层"面板，按住Alt键的同时在两个图层之间单击，即可创建剪贴蒙版。

当不需要使用创建的剪贴蒙版时，可以通过Photoshop中的释放剪贴蒙版功能，将基底图层和剪贴图层进行恢复，使其显示出最初的画面效果。

要释放剪贴蒙版，只需选中任意一个剪贴图层，执行"图层 > 创建剪贴蒙版"菜单命令，即可释放剪贴蒙版。下图为释放剪贴蒙版前后"图层"面板中的显示效果。

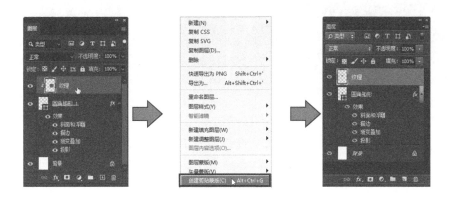

2.4 文字的添加

在制作移动UI界面的过程中，为了准确表达出各个设计元素的功能，常常要在界面中添加文字信息，接下来我们就对文字的添加操作进行讲解。

2.4.1 文字的添加与设置

在Photoshop中可以添加两种类型的文字，一种是点文字，一种是区域文字。点文字就是使用"横排文字工具"或"直排文字工具"，在图像窗口中单击，输入所需的文字即可；而区域文字就是使用"横排文字工具"或是"直排文字工具"在图像窗口中单击并进行拖曳。创建出文本框，在文本框中输入所需的文字内容，下图为选中点文字和区域文字中文本内容的显示效果。

在使用"横排文字工具"或"直排文字工具"添加所需的文字之后，可以利用"字符"和"段落"面板对文字进行进一步设置。其中"字符"面板能够更好地对文字的不同属性进行设置，如调整文字的字体、大小、样式、间距及颜色等，也可以通过对文字基线的调整，修饰文字排列效果；"段落"面板用于段落文本的设置，当在图像中创建段落文本后，使用"段落"面板可以调整文本的对齐，也可以设置段落的左、右，以及段首的缩进等。下图为"字符"和"段落"面板。

设置文字的字体、字号和字间距等

调整段落文字的对齐方式和缩进等

　　如果要对输入的部分文字进行单独处理，那么可以使用"横排文字工具"或是"直排文字工具"在文字上单击并进行拖曳，选中部分文字后进行单独设置，如下图所示。

　　使用"横排文字工具"或"直排文字工具"创建文字后，直接单击文字工具选项栏中的"切换文本取向"按钮，可以将横排转换为直排文字。再次单击该按钮，则会把直排文字再转换为横排文字效果。或者执行"文字 > 文本排列方向"菜单命令，在其中选择文字的选择方式，也可以对文字的方向进行重新定义，如下图所示。

2.4.2 文字的高级编辑

　　在进行文字的编辑过程中，还可以对文字进行艺术化处理，为了让界面文字效果更绚丽，那就要对文字进行自由变形。通过"变形文字"对话框中的设置来让文字按照某种特殊的效果进行改变。这种改变是可以随时进行编辑、更改和取消的，非常利于移动UI界面的制作。

通过执行"文字 > 文字变形"菜单命令，可以打开如右图所示的"变形文字"对话框。在对话框中选择并设置变形选项，能够创建变形文字效果。

在打开的"变形文字"对话框中单击"样式"选项后面的下三角形按钮，展开该选项的下拉列表。在其中可以看到多种变形的样式，选择其中一种样式进行应用，即可激活对话框中另外3个选项，通过这3个选项来控制变形的力度和方向。

除了对文字进行变形，为了让移动UI界面文字的显示更加清晰，还需要对文字的外观进行消除锯齿操作，以便文字笔画的显示更加完美。执行"文字 > 消除锯齿"菜单命令，可以看到该菜单命令下包含了"无"、"锐利"、"犀利"、"浑厚"和"平滑"这几种显示效果。使用不同的效果应用到文字中，放大文字后可以看到文字边缘的效果。

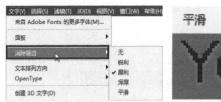  

在Photoshop中输入的文字仍然属于点阵图像，使用"消除锯齿"功能可以弥补文字边缘成像的缺憾，让文字中的撇、捺、弯钩等处的锯齿状缺陷抹平，边缘更加圆滑平整。如果不选择"消除锯齿"命令进行调整，那么边缘就很生硬。

Part 3

移动UI界面中基本元素的制作

　　应用程序的界面都是由多个不同的基本元素组成的，它们通过外形上的组合、色彩的搭配、材质和风格的统一，经过合理的布局来构成一个完整的界面效果。想要设计出优秀的应用程序界面，基础元素的创作与制作是必不可少的，它是组成整个界面效果的基础要素，也是构成界面的基本单位。在本章的内容中，将通过讲解基础搭配案例的形式，为读者介绍按钮、开关、进度条、搜索栏等多种移动UI界面中基本元素的制作规范、要点及技巧，为读者学习移动UI界面设计打下坚实的基础。

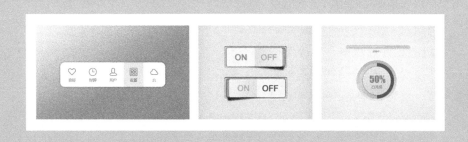

3.1 按钮

按钮是移动UI界面设计中不可或缺的基本控制部件，在各种应用程序中都少不了按钮，通过它可以完成很多的任务。因此，按钮设计是最基本的，也是最重要的。

3.1.1 按钮设计的基础知识

在进行按钮设计之前，让我们先来了解一下按钮的表现形式和状态。按钮在移动UI界面中是启动某个功能，运行某个动作的触动点，常见的按钮形状包括了圆角矩形、矩形、圆形等，当然，有的应用程序为了表现独特的、个性化的设计效果，也会设计出异形按钮，如下图所示。

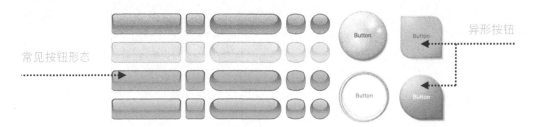

常见按钮形态

异形按钮

由于按钮是用户执行某项操作时所接触的对象，因此在操作中一定要有反馈，让用户明白发生了什么，这就要求在设计按钮时需要制作出几种不同的状态。按钮通常包含五种不同的状态，如右图所示，它们分别表示用户在使用按钮过程中所呈现的不同显示效果。

按钮的设计过程中，在确保按钮外观不改变的前提下，可以通过阴影、渐变、发光等特效的编辑来创建按钮的多种不同状态。

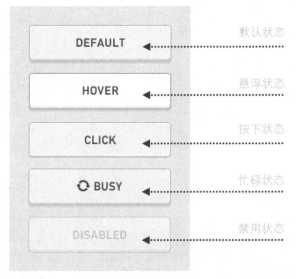

默认状态

悬浮状态

按下状态

忙碌状态

禁用状态

按钮的形状、色彩与整个界面的风格要一致，且要利用色彩对比度的高低来展示按钮的重要程度

应用程序的界面中要强调的链接会以按钮的形式表现，尤其是所谓重量级的按钮，它是促成观者完成页面功能的一个很重要的部分，所以它应该具有吸引眼球的效果，如左图所示。对于一个需要突出的按钮，其本身的颜色应该区别于周边的环境色，因此它需要使用更亮而且有高对比度的颜色。另外，按钮上可以多使用符号、图标，比如箭头，这样的设计绝对要比文字的描述更直观。最后值得注意的是，按钮的设计要与整个界面的风格、材质相搭配，这样设计出来的按钮才符合实际的需要。

3.1.2 扁平化按钮设计

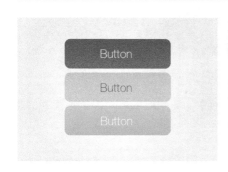

源文件：下载资源\03\源文件\扁平化按钮的设计.psd

设计关键词：扁平化、渐变、iOS系统

软件功能提要：圆角矩形工具、"渐变叠加"图层样式、横排文字工具

制作步骤详解

Step 01：在Photoshop中创建一个新的文档，选择工具箱中的"圆角矩形工具"，在其选项栏中进行设置。接着在图像窗口中单击并拖曳鼠标，绘制一个圆角矩形。

Step 02：双击绘制得到的形状图层，在打开的"图层样式"对话框中勾选"渐变叠加"复选框，在相应的选项卡中设置参数，并单击渐变色块，在"渐变编辑器"中对渐变色进行设置。

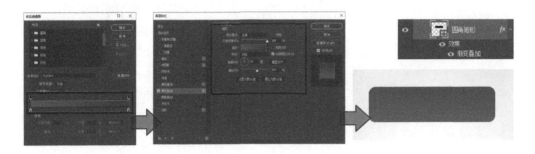

Step 03：选中工具箱中的"横排文字工具"，在按钮上单击，输入所需的文字，打开"字符"面板对文字的属性进行设置。

Step 04：对绘制的按钮进行复制，在"图层样式"对话框中对渐变叠加的设置进行更改，完成其余两个按钮的制作。

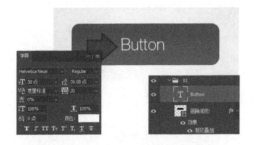

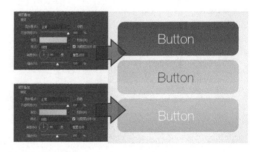

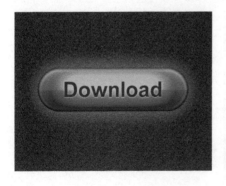

源文件：下载资源\03\源文件\发光按钮的设计.psd

设计关键词：立体化、层次、发光、Android系统

软件功能提要：圆角矩形工具、"斜面和浮雕/内阴影/内发光/外发光/渐变叠加/投影"图层样式、横排文字工具

制作步骤详解

Step 01：在Photoshop中创建一个新的文档，选择工具箱中的"圆角矩形工具"，绘制一个圆角矩形。接着双击绘制得到的形状图层，在打开的"图层样式"对话框中为其应用"外发光"图层样式。

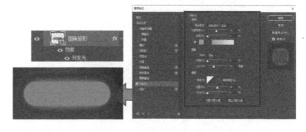

Step 02：对绘制的"圆角矩形"形状图层进行复制，更改其图层的名称为"背景"。清除图层样式，重新添加"斜面和浮雕"、"渐变叠加"、"内阴影"和"投影"图层样式进行修饰，并在相应的选项卡中对参数进行设置。在图像窗口中可以看到编辑的效果。

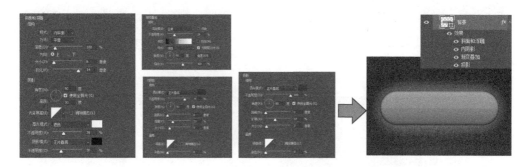

Step 03：绘制一个与Step 02中相同大小的圆角矩形，命名为"层次"，设置其"填充"为0%，使用"内发光"和"内阴影"的图层样式对形状进行修饰，并在相应的选项卡中设置参数。

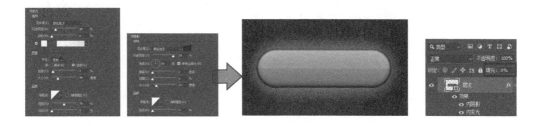

Step 04：再次绘制一个圆角矩形，设置"填充"为0%，接着使用"斜面和浮雕"、"内发光"和"内阴影"样式进行修饰，并在相应的选项卡中对参数进行设置。在图像窗口中可以看到编辑的效果。

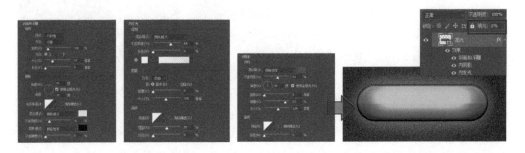

Step 05：按住Ctrl键单击"高光"图层的图层缩览图，将其载入选区。接着执行"选择 > 修改 > 羽化"菜单命令，在弹出的对话框中设置"羽化半径"为10像素。

Step 06：对选区进行羽化后，接着单击"图层"面板中的"添加图层蒙版"按钮，为该图层添加上图层蒙版，对其显示进行控制，在图像窗口中可看到编辑的效果。

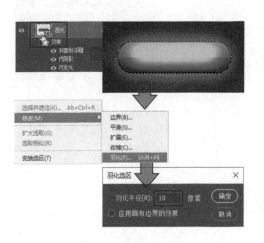

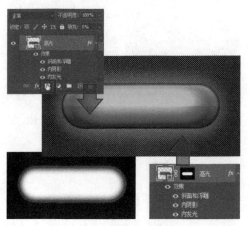

Step 07：选择工具箱中的"横排文字工具"在按钮上单击并输入所需的文字。接着打开"字符"面板设置文字的属性，并调整文字图层的混合模式为"正片叠底"。

Step 08：双击文字图层，在打开的"图层样式"对话框中勾选"外发光"和"投影"复选框，在相应的选项卡中设置参数，对文字进行修饰，完成发光按钮的制作。

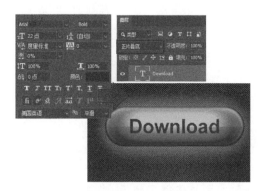

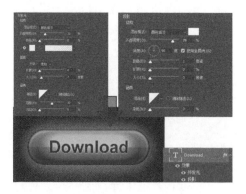

3.2 开关

开关在移动UI界面中是经常会遇到的一个控件，它能够对界面中某个功能和设置进行开启和关闭，它的外观设计非常丰富，接下来就对开关的设计进行讲解。

3.2.1 开关设计的基础知识

开关是指允许用户进行选择。移动UI界面设计中的开关一共有三种类型，即复选框、单选按钮和ON/OFF开关。

复选框允许用户从一组选项中选择多个，通过勾选的方式来对功能和设置的状态进行控制。如果需要在一个列表中出现多个开关设置，那么选择开关类型中的复选框是一种节省空间的好方式。下图为复选框的设计效果。通过主动将复选框换成勾选标记，可以使取消勾选的操作变得更加明确且令人满意。

单选按钮只允许用户从一组选项中选择一个，如果用户需要看到所有可用的选项并排显示，那么最好选择使用单选按钮进行界面设计，这样更加节省空间。下图为单选按钮的设计效果。

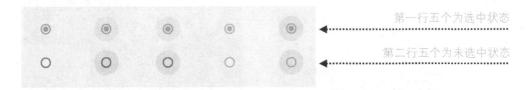

如果只有一个开启和关闭的选择，则不要使用复选框，而应该替换成ON/OFF开关比较合适。ON/OFF开关用于切换单一设置选项的状态，开关控制的选项及它的状态应该明确展示出来，并且与内部的标签相一致。开关通过动画来传达被聚焦和被按下的状态，下图为ON/OFF开关的设计效果。

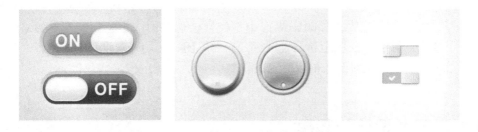

应当注意，开关的设计要同时设计至少两种状态，一个是开启，一个是关闭。在某些移动UI界面的设计中，还会设计出开关的触碰状态，让界面的交互式体验更加的完美，提升用户的操作兴趣。

3.2.2 简易色块开关设计

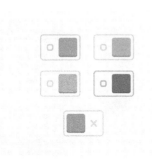

源文件：下载资源\03\源文件\简易色块开关的设计.psd

设计关键词：扁平化、色块、线框、iOS系统

软件功能提要：圆角矩形工具、"描边"和"内阴影"图层样式

制作步骤详解

Step 01：在Photoshop中创建一个新的文档，选择工具箱中的"圆角矩形工具"，绘制一个圆角矩形，为其填充上适当的颜色，使用"描边"图层样式对其进行修饰。

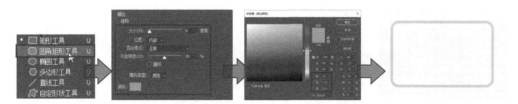

Step 02：使用"圆角矩形工具"绘制另外一个圆角矩形，作为开关按钮，使用"内阴影"样式对其进行修饰。

Step 03：使用"圆角矩形工具"绘制一个圆角矩形方框，作为开关的图标，填充上适当的颜色，放在适当的位置。

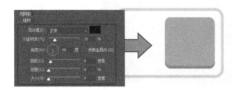

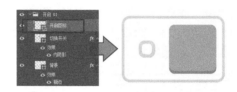

Step 04：参考前面的绘制方法，制作出关闭开关的效果，接着对绘制的开启按钮进行复制，修改其中绘制形状的颜色，制作出其余颜色开关的效果，并使用图层组对图层进行管理。在图像窗口中可以看到本例编辑的效果。

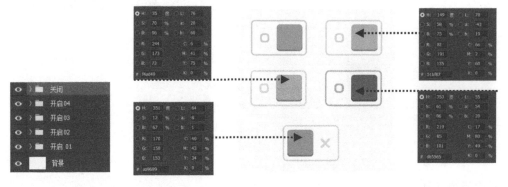

3.2.3 拟物化开关设计

源文件：下载资源\03\源文件\拟物化开关的设计.psd

设计关键词：立体、阴影、拟物化、Android系统

软件功能提要：圆角矩形工具、"高斯模糊"滤镜、"内阴影/描边/投影/渐变叠加"图层样式、横排文字工具

制作步骤详解

Step 01：在Photoshop中创建一个新的文档，选择工具箱中的"圆角矩形工具"，在其选项栏中进行设置，绘制一个圆角矩形，填充上适当的颜色，将得到的形状图层命名为"背景"。

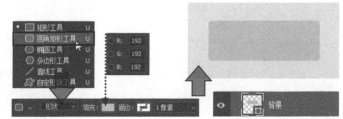

Step 02：双击"背景"图层，在打开的"图层样式"对话框中勾选"内阴影"和"投影"复选框，使用这两种图层样式对圆角矩形进行修饰，接着在相应的选项卡中对参数进行设置。在图像窗口中可以看到编辑后的效果。

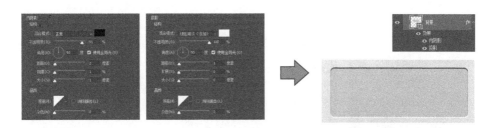

Step 03：使用"圆角矩形工具"绘制一个圆角矩形，填充上黑色，无描边色，并适当调整其角度，命名形状图层为"阴影"。

Step 04：将"阴影"形状图层转换为智能对象图层，使用3.0像素的高斯模糊对其进行模糊处理，使其呈现出羽化的边缘。

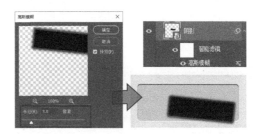

Step 05：使用"圆角矩形工具"绘制一个圆角矩形，适当调整其大小，放在合适的位置，将该形状图层命名为"层次"，使用"描边""内阴影""阴影"图层样式对其进行修饰，并在相应的选项卡中对参数进行设置。在图像窗口中可以看到编辑的效果。

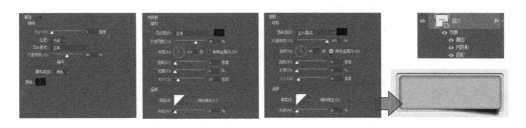

Step 06：对Step 05中绘制的圆角矩形进行复制，清除图层中的样式，将其命名为"表面"，并适当为圆角矩形进行缩小处理。接着使用"渐变叠加"和"投影"的图层样式对其进行修饰，在相应的选项卡中对参数进行设置。在图像窗口中可以看到编辑的效果。

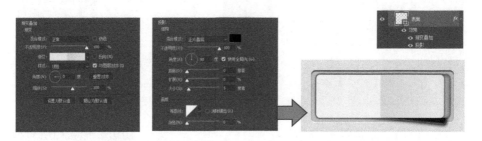

Step 07：选择工具箱中的"横排文字工具"，在适当的位置单击，输入所需的文字，打开"字符"面板对文字的属性进行设置，并使用"投影"样式对文字进行修饰。

Step 08：使用"横排文字工具"输入OFF，打开"字符"面板对文字的属性进行设置，利用"投影"图层样式对文字进行修饰，完成开启按钮的制作。

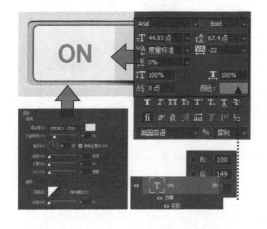

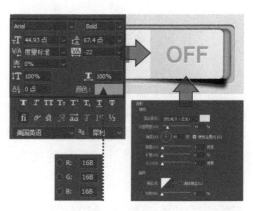

Step 09：参考前面绘制开启按钮的方法和设置，制作出关闭按钮的效果，在图像窗口中可以看到编辑后的结果。

3.3 进度条

进度条是用户在进入某个界面或进入某个程序中，应用程序为了缓冲和加载信息时所显示出来的控件，它主要显示出当前加载的百分比，让用户掌握相关的数据和进度。

3.3.1 进度条设计的基础知识

在应用程序的操作中，对于完成部分可以确定的情况下，使用确定的指示器能让用户对某个操作所需要的时间有快速了解，这种指示器称为进度条。

进度条显示的类型有两种，一种是线形进度指示器，另一种是圆形进度指示器，可以使用其中任何一种来指示确定性和不确定性的操作。

线形进度指示器应始终按照从0%到100%的顺序显示，绝不能从高到低反着来。界面中使用一个进度指示器来指示整体所需要等待的时间，当指示器达到100%时，它不会返回到0%再重新开始。下图为线形进度指示器的设计效果。

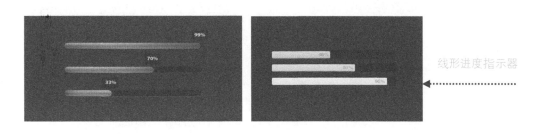

线形进度指示器

有的线形进度指示器会将加载信息的百分比显示出来，有的则只包含一个进度条，用户只能通过观察线形的长短来大致猜测加载进度。我们常用的播放器的播放进度条就是最常见的一种线形进度指示器。

圆形的进度指示器可以和一个有趣的图标或刷新图标结合在一起使用，它的设计相比较线形进度指示器显得更加的丰富。下图为圆形进度指示器的设计效果。

圆形进度指示器

当用户进入加载页面时，美丽的界面设计能给用户带来一瞬间的惊叹，让用户再也不觉得等待是漫长的。精致的细节，往往最能考验设计师的技术，但同时也是打动人心的关键。如下图所示的进度条在设计中不但创意十足，而且细节和质感设计都非常完美。

 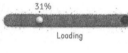 

3.3.2 扁平化进度条设计

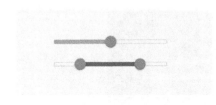

源文件：随书光盘\源文件\03\扁平化进度条的设计.psd

设计关键词：扁平化、色块、iOS系统

软件功能提要：圆角矩形工具、"描边/内阴影/投影"图层样式、椭圆工具

制作步骤详解

Step 01：在Photoshop中创建一个新的文档，将其"背景"图层填充上适当的颜色，接着使用"圆角矩形工具"绘制出所需形状，作为进度条的背景，并使用"描边"样式对其进行修饰。

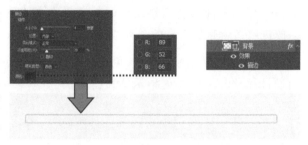

Step 02：使用"圆角矩形工具"绘制出所需的形状，填充上R219、G85、B101的颜色，无描边色，放在适当的位置。在图像窗口中可以看到编辑的效果。

Step 03：使用工具箱中的"椭圆工具"绘制出两个圆形，放在适当的位置，接着使用"内阴影"和"投影"图层样式对绘制的圆形进行修饰，并在相应的选项卡中对参数进行设置，在图像窗口中可以看到编辑的效果。

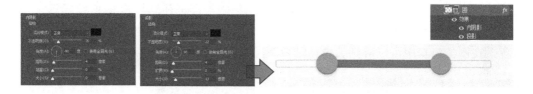

Step 04：参考前面的绘制方法和相关的设置，绘制出单向进度滑块的形状，更改其滑块进度形状的颜色为黄色。在图像窗口中可以看到编辑的效果。

3.3.3 层次感强烈的进度条设计

源文件：下载资源\03\源文件\层次感强烈的进度条设计.psd

设计关键词：立体化、层次、渐变、内阴影、Android系统

软件功能提要：椭圆工具、自定形状工具、"反向"命令、矩形选框工具、横排文字工具及多种图层样式

制作步骤详解

Step 01：在Photoshop中创
建一个新的文档，选择工具
箱中的"椭圆工具"，绘制
出一个正圆形，填充上适当
的颜色，无描边色，作为圆
形进度指示器的背景。

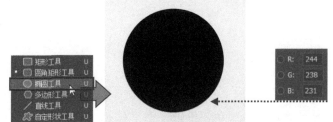

Step 02：双击绘制得到的形状图层，在打开的"图层样式"对话框中勾选"外
发光"、"投影"和"渐变叠加"复选框，在相应的选项卡中对各个选项进行设
置，在图像窗口中可以看到编辑后的效果。

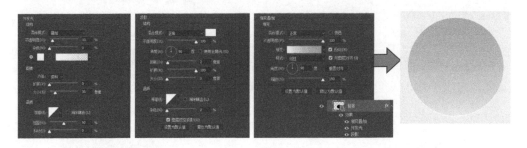

Step 03：选择"椭圆工具"，绘
制一个圆形。单击选择栏中的"路
径操作"按钮，在展开的列表中单
击"排除重叠形状"，再次绘制圆
形，得到圆环形状，在"图层"面
板中设置该形状图层的"填充"为
0，将其放在适当的位置，在图像窗
口中可以看到编辑的效果。

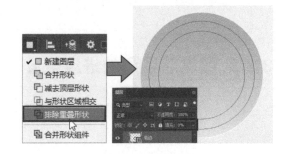

Step 04：双击绘制得到的"轨迹"形状图层，在打开的"图层样式"对话框中勾
选"颜色叠加"、"图案叠加"和"内阴影"复选框，在相应的选项卡中对各个
选项进行设置，在图像窗口中可以看到编辑的效果。

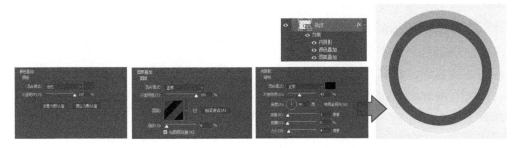

Step 05：对绘制的"轨迹"形状图层进行复制，清除图层中的图层样式，将其图层命名为"进度"。使用"内阴影""描边""渐变叠加"图层样式对其进行修饰，并在相应的选项卡中对各个选项进行设置，使其呈现出渐变的效果。

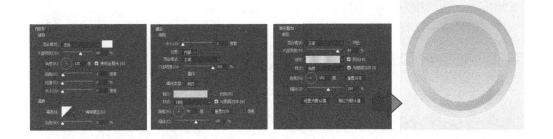

Step 06：使用"矩形选框工具"创建矩形的选区，将右侧的彩色圆环选中，接着执行"选择>反向"菜单命令，对选区进行反向处理，接着为"进度"形状图层添加上图层蒙版。此时图像窗口中的彩色圆环只显示出左侧的图像。

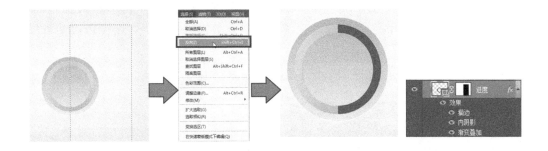

Step 07：选择工具箱中的"椭圆工具"，按住Shift键的同时单击并拖曳鼠标，绘制出一个正圆形，填充上黑色，无描边色，将其放在彩色圆环的内部，在图像窗口中可以看到编辑的效果。

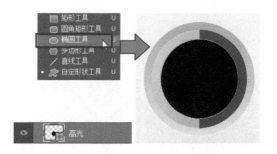

Step 08：双击绘制得到的"高光"形状图层，在打开的"图层样式"对话框中勾选"斜面和浮雕"、"外发光"、"投影"和"渐变叠加"图层样式，并在相应的选项卡中对参数进行设置。在图像窗口中可以看到编辑后的效果。

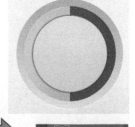

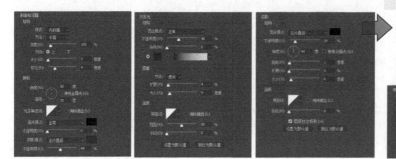

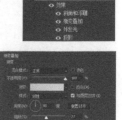

Step 09：选择工具箱中的"横排文字工具"，在适当的位置单击，输入50%，接着打开"字符"面板对文字的字体、字号和颜色等进行设置，并使用"投影"图层样式对文字进行修饰，在相应的选项卡中对参数进行设置。在图像窗口中可以看到编辑的效果。

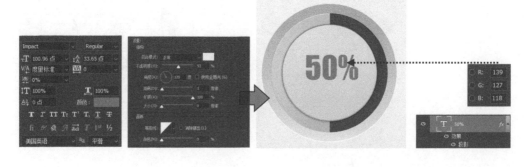

Step 10：继续使用"横排文字工具"输入"已完成"字样，打开"字符"面板设置参数，利用"投影"图层样式对文字进行修饰。在图像窗口中可看见编辑效果。

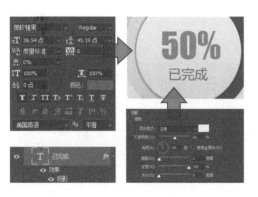

Step 11：参考圆形进度指示器的编辑效果，制作出线性指示器的效果，或者通过复制和粘贴图层样式的方式对部分形状进行修饰，提高制作的效率。在图像窗口中可以看到编辑结果。

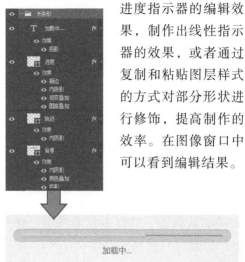

3.4 搜索栏

当用户在某个界面上查找信息出现困难时，通常会尝试进行搜索。搜索栏是一个网站或App的重要组成部分，界面设计中可以考虑放一个搜索栏在页脚，让用户可以更方便地搜索。

3.4.1 搜索栏设计的基础知识

当应用程序内包含大量信息的时候，用户希望能够通过搜索快速地定位到特定内容。搜索栏可以接收用户输入的文本并将其作为一次搜索输入，快速帮助用户查找到所需的信息。下图分别为iOS系统和Android系统中的搜索栏默认状态下的设计效果。

当搜索文本框获得焦点的时候，搜索框展开以显示历史搜索建议，用户可以选择任意建议提交搜索，如下左图所示。当用户开始输入查询，搜索建议转换为自动补全，如下右图所示。

默认状态下的搜索栏通常由一个文本框加上一个搜索按钮组成，如下图所示。但是当对搜索栏进行设计时，还要考虑到其搜索工作状态下的图标和文本框的不同显示效果。

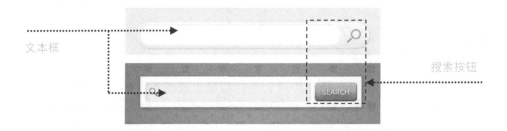

随着应用程序的不断开发和发展，搜索栏的交互和设计越来越别出心裁。那些交互和细节优化不仅仅为了吸引用户的眼球，更多时候是在培养用户使用搜索框的习惯。让我们一起来细细品味一下如下图所示的搜索栏设计，它们从字体、颜色、阴影、梯度等不同角度做了改变。

3.4.2 扁平化搜索栏设计

源文件：下载资源\03\源文件\扁平化搜索栏的设计.psd

设计关键词：扁平化、色块、长阴影、iOS系统

软件功能提要：圆角矩形工具、自定形状工具、横排文字工具、"描边颜色叠加/渐变叠加"样式

制作步骤详解

Step 01：在Photoshop中创建一个新的文档，选择工具箱中的"圆角矩形工具"，绘制一个圆角矩形，填充上适当的颜色，将该图层的"填充"设置为65%，使用"描边"和"颜色叠加"图层样式对绘制的形状进行修饰，作为搜索栏的输入框。

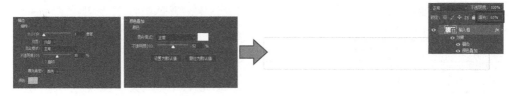

Step 02：选择工具箱中的"横排文字工具"，在适当的位置单击，输入所需的文字，打开"字符"面板设置文字的属性，调整文字图层的"填充"为30%。

Step 03：选择"圆角矩形工具"绘制出按钮，打开"形状"面板，单击面板右上角的扩展按钮，单击"旧版形状及其他"选项，将"Web"形状组中的"搜索"形状拖曳到相应的位置，制作出放大镜图标。

Step 04：使用"钢笔工具"绘制出阴影的形状，调整图层的顺序，使用"渐变叠加"样式对其进行修饰，完成本例的制作。

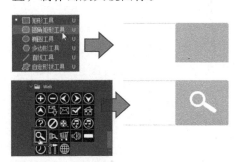

3.4.3 皮纹质感的搜索栏设计

素材：下载资源\03\素材\01.jpg

源文件：下载资源\03\源文件\皮纹质感的搜索栏设计.psd

设计关键词：皮纹、立体、发光、Android

软件功能提要：圆角矩形工具、剪贴蒙版、画笔工具、色阶、多种图层样式

制作步骤详解

Step 01：在Photoshop中创建一个新的文档，将01.jpg素材添加到图像窗口中，适当调整大小，将其铺满整个画布，在图像窗口中可以看到编辑的效果。

Step 02：选择"圆角矩形工具"，绘制一个圆角矩形，设置该图层的混合模式为"变暗"，接着使用"内阴影"和"投影"图层样式对其进行修饰，在相应的选项卡中对各个选项进行设置。在图像窗口中可以看到编辑的效果。

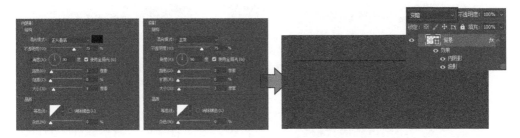

Step 03：对"纹理"图层进行复制，得到相应的拷贝图层，将其拖曳到"背景"图层的上方，执行"图层 > 创建剪贴蒙版"菜单命令，对其显示进行控制。

Step 04：选择工具箱中的"画笔工具"，在其选项栏中设置参数，新建图层，命名为"光"，使用"画笔工具"在适当的位置涂抹，绘制按钮下方的光线。

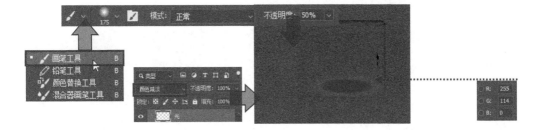

Step 05：选择工具箱中的"圆角矩形工具"，为其填充上白色，无描边色，将其放在适当的位置，设置"不透明度"为60%。在图像窗口中可以看到编辑的效果。

Step 06：双击绘制得到的"输入栏"形状图层，在打开的"图层样式"对话框中勾选"内阴影"、"渐变叠加"和"投影"复选框，使用这3个样式对其进行修饰，并在相应的选项卡中对参数进行设置。在图像窗口中可以看到编辑的结果。

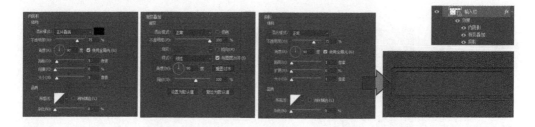

Step 07：使用"圆角矩形工具"绘制出按钮的形状，设置其"不透明度"为30%，"填充"为0%，将该形状图层命名为"按钮"。接着双击该图层，在打开的"图层样式"对话框中勾选"斜面和浮雕"、"内发光"、"描边"和"渐变叠加"复选框，使用这4个样式对按钮进行修饰。

Step 08：打开"形状"面板，载入"旧版形状及其他"形状，将"搜索"形状拖曳到所需位置，调整大小并填充上合适的颜色，将图层命名为"放大镜"，设置图层的混合模式为"颜色减淡"。

Step 09：双击"放大镜"形状图层，在打开的"图层样式"对话框中勾选"外发光"复选框，并在相应的选项卡中设置参数。在图像窗口中可以看到编辑的效果。

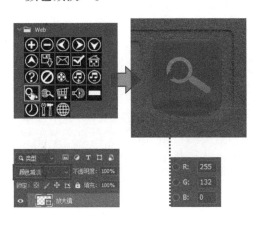

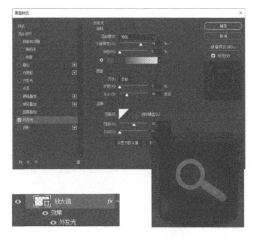

Step 10：选择"横排文字工具"，输入"开始搜索"字样，打开"字符"面板对文字的属性进行设置，并设置"不透明度"为30%。

Step 11：使用"投影"和"渐变叠加"图层样式对输入的文字进行修饰，并在相应的选项卡中对参数进行设置，在图像窗口中可以看到编辑的效果。

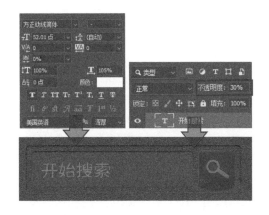

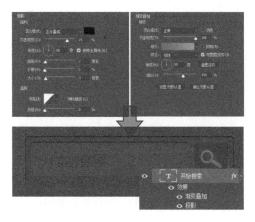

Step 12：创建色阶调整图层，在打开的"属性"面板中设置RGB选项下的色阶值分别为21、1.30、219，对整个画面的亮度和层次进行调整，在图像窗口中可以看到本例最终的编辑效果。

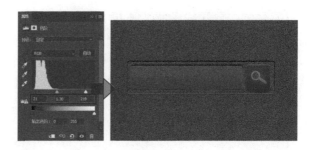

3.5 列表框

列表作为一个单一的连续元素以垂直排列的方式显示多行条目。在移动UI的界面设计中，列表框通常用于数据、信息的展示与选择。接下来我们就对列表框的设计和制作进行讲解。

3.5.1 列表框设计的基础知识

列表最适合显示同类的数据类型或者数据类型组，比如图片和文本。使用列表的目标是区分多个数据类型或单一类型的数据特性，使得用户理解起来更加容易。下图为列表框的基本格式和相关组成部分。

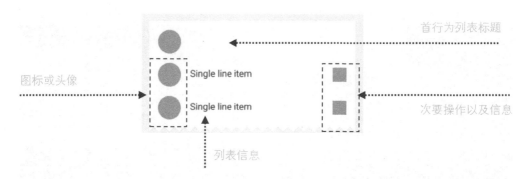

根据上图所示的列表框所包含的信息及框架，不同的信息内容可以得到如下图所示的设计效果，可见列表框中的信息表现非常丰富。

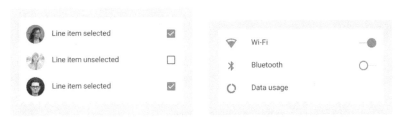

在包含两行或三行文字的列表框中，每个列表项的第一行文字为标题文字，其余文字为说明文字，文本字数可以在同一列表的不同行间有所改变。如下图所示，可以看到不同行间文字的颜色和字号变化。

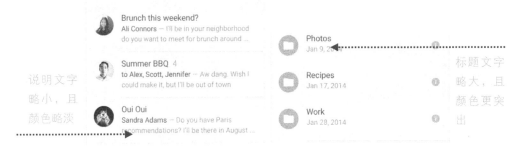

在设计列表框的过程中，还要注意每行信息之间的间距，不论是标题文字与图标之间的距离，还是文字与边框之间的距离，在不同的操作系统中都会有不同的要求和规范。

3.5.2 简易列表框设计

源文件：下载资源\03\源文件\简易列表框的设计.psd

设计关键词：扁平化、线性化、色块、iOS系统

软件功能提要：矩形工具、钢笔工具、"内阴影"图层样式、横排文字工具

63

制作步骤详解

Step 01：在Photoshop中创建一个新的文档，将"背景"图层填充上适当的颜色。选择工具箱中的"矩形工具"，绘制出所需的形状，分别为其填充上适当的颜色，并使用"内阴影"图层样式对其进修饰，在图像窗口中可以看到编辑的效果。

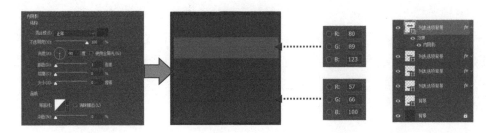

Step 02：绘制出所需的形状，填充R17、G168、B171的颜色，无描边色。在图像窗口中可以看到编辑的效果。

Step 03：使用"钢笔工具"绘制出所需的图标形状，分别填充上适当的颜色，并将其按照相同的距离进行排列。

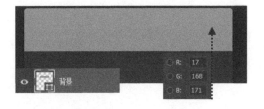

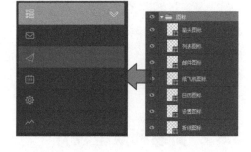

Step 04：选择工具箱中的"横排文字工具"，在适当的位置单击，输入所需的文字。打开"字符"面板对文字的属性进行设置，在图像窗口中可以看到编辑的效果。

3.5.3 立体化列表框的设计

源文件：下载资源\03\源文件\立体化列表框的设计.psd

设计关键词：立体化、层次、内阴影、Android系统

软件功能提要：圆角矩形工具、钢笔工具、"内阴影/投影/渐变叠加/颜色叠加"图层样式、横排文字工具、直线工具

制作步骤详解

Step 01： 在Photoshop中创建一个新的文档，将"背景"图层填充上黑色。接着选择"横排文字工具"，绘制出所需的形状，利用"内阴影"和"投影"图层样式对其进行修饰，并在相应的选项卡中对参数进行设置。

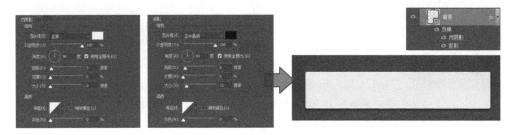

Step 02： 绘制出所需的形状，作为高光，填充上白色，无描边色，将"填充"设置为50%。在图像窗口中可以看到编辑的效果。

Step 03： 选择工具箱中的"垂直线条"，绘制出所需的线条，分别填充上适当的颜色，放在列表标题的右侧位置。在图像窗口中可以看到编辑的效果。

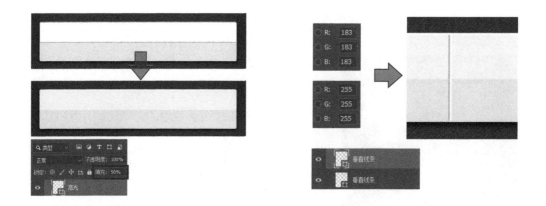

Step 04：选择工具箱中的"横排文字工具"，在适当的位置单击，输入所需的文字，接着打开"字符"面板对文字的属性进行设置，并使用"投影"图层样式对文字进行修饰，在相应的选项卡中对参数进行设置。在图像窗口中可以看到编辑的效果。

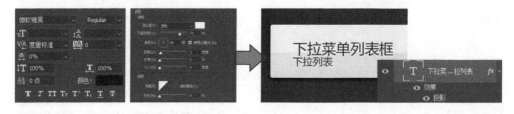

Step 05：使用"钢笔工具"绘制出所需的箭头，放在适当的位置，接着使用"内阴影"、"投影"和"颜色叠加"图层样式对形状进行修饰，并在相应的选项卡中进行设置。在图像窗口中可以看到编辑的效果。

Step 06：使用"矩形工具"绘制出所需的形状，接着使用"内阴影"和"投影"样式对其进行修饰，并在相应的选项卡中对参数进行设置。

Step 07：参考前面的绘制方法，绘制出若干个线条，分别填充上适当的颜色，放在矩形上对画面进行分割。在图像窗口中可以看到编辑的效果。

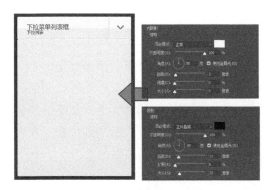

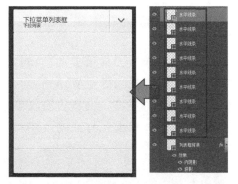

Step 08：使用"矩形工具"绘制出所需的矩形，使用"内阴影"和"渐变叠加"图层样式对其进行修饰，并在相应的选项卡中对参数进行设置。在图像窗口中可以看到编辑的效果。

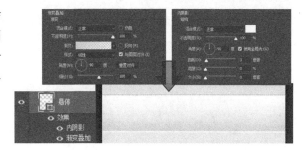

Step 09：使用"矩形工具"绘制出另外一个矩形，填充上适当的颜色，无描边色。接着双击该形状图层，在打开的"图层样式"对话框中勾选"内阴影"和"投影"图层样式，在相应的选项卡中对参数进行设置。在图像窗口中可以看到编辑的效果。

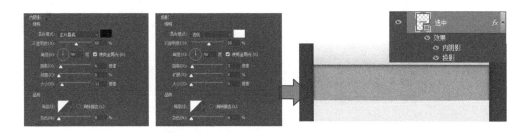

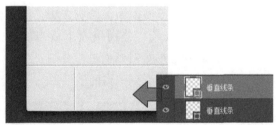

Step 10：对前面绘制的垂直方向的线条进行复制。将其放在画面的左下角位置。在图像窗口中可以看到编辑后的效果。

Step 11：选择工具箱中的"横排文字工具"，在适当的位置单击，输入文字，打开"字符"面板设置文字的属性，利用"投影"样式对文字进行修饰。

Step 12：继续使用"横排文字工具"输入所需的文字，使用与Step 11相同的设置对文字进行修饰，更改文字的颜色为黑色，将文字放在适当的位置。在图像窗口中可以看到编辑的效果。

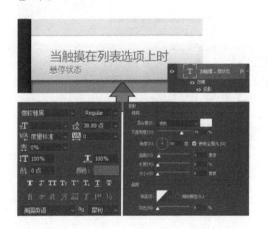

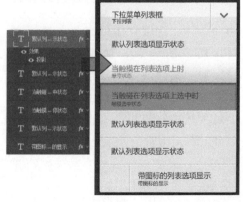

Step 13：绘制出心形的形状，将其放在适当的位置，使用"内阴影"、"颜色叠加"和"投影"图层样式对其进行修饰，并在相应的选项卡中对参数进行设置，完成本例的制作。

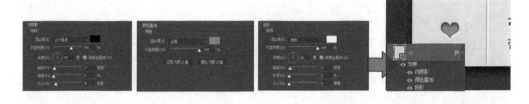

3.6 标签栏

在一个移动设备的应用程序中，标签栏能够实现在不同的视图或功能之间的切换操作，以及浏览不同类别的数据，它的存在让界面信息更加规范和系统。

3.6.1 标签栏设计的基础知识

使用标签栏可以将大量关联的数据或选项划分成更易理解的分组，能够在不需要切换出当前上下文的情况下，有效地进行内容导航和内容组织。如下图所示为标签栏的实际应用效果。

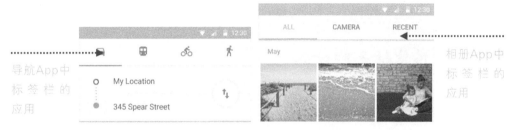

导航App中
标签栏的
应用

相册App中
标签栏的
应用

在两个标签之间，标签栏中呈现的内容可能会有很大的差别，如下图所示。标签栏应该有逻辑地组织相关内容，并提供有意义的区分，或是采用图标或文字的组合，并且在必要的时候会使用混合的方式表现一些提示信息。

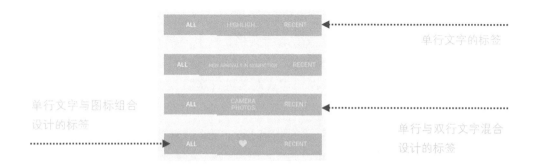

单行文字的标签

单行文字与图标组合
设计的标签

单行与双行文字混合
设计的标签

　　根据平台和使用环境，标签栏的内容可以表现为固定的或滑动的。固定的标签栏最适合用于快速相互切换的标签。视图的宽度限制了标签的最大数量。在固定的标签栏中每个标签的宽度相等，直接通过点击标签，或在内容区域中左右滑动来在固定的标签视图之间进行导航，如下左图所示。

　　滑动的标签栏用于显示标签的子集，可以包含更长的标签和更多的标签数量，最适合用于触摸操作的浏览环境。可以通过点击标签，在标签栏上左右滑动或者在内容区域中左右滑动来在滚动的标签间进行导航，如下右图所示。

3.6.2 线性化标签栏设计

源文件：下载资源\03\源文件\线性化标签栏设计.psd

设计关键词：扁平化、线性、iOS系统

软件功能提要：圆角矩形工具、"描边/颜色叠加"图层样式、横排文字工具

制作步骤详解

Step 01：在Photoshop中创建一个新的文档，将其"背景"图层填充上适当颜色。选择工具箱中的"圆角矩形工具"，接着在图像窗口中单击并拖曳鼠标，绘制一个圆角矩形，使用"描边"图层样式对其进行修饰。

Step 02：选择工具箱中的"矩形工具"绘制出一个矩形，接着设置其"填充"为0%，利用"颜色叠加"图层样式对其进行修饰。在图像窗口中可以看到编辑的效果。

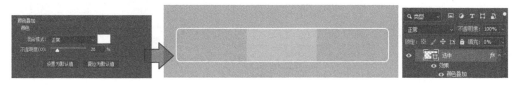

Step 03：选择工具箱中的"直线工具"，绘制出垂直方向的两条直线，填充上白色，放在矩形的两侧。在图像窗口中可以看到编辑的效果。

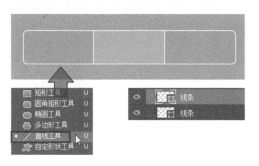

Step 04：选择工具箱中的"横排文字工具"，输入所需的文字，打开"字符"面板设置文字的属性，完成本例的制作。

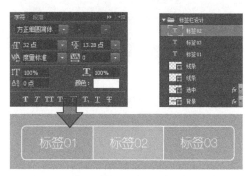

3.6.3 木纹质感的标签栏设计

素材：下载资源\03\素材\02.jpg

源文件：下载资源\03\源文件\木纹质感的标签栏设计.psd

设计关键词：立体化、内阴影、木纹、Android

软件功能提要：圆角矩形工具、多种图层样式的应用、横排文字工具

制作步骤详解

Step 01： 运行Photoshop应用程序，创建一
个新的文档，将02.jpg素材添加到图像窗口
中，适当调整其大小，使其铺满整个画布。
最后将素材与"背景"图层合并在一起。

Step 02： 选择工具箱中的"圆角矩形工具"，在其选项栏中进行设置，绘制出一
个黑色的矩形，设置混合模式为"柔光"。接着使用"投影"和"颜色叠加"图
层样式对其进行修饰，并在相应的选项卡中设置参数，在图像窗口中可以看到编
辑的效果。

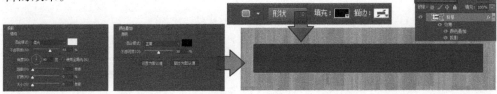

Step 03： 选择"圆角矩形工具"绘制出所需的形状，将其命名为"按钮"，使用
"内阴影"、"渐变叠加"、"图案叠加"和"投影"图层样式对其进行修饰，
并在相应的选项卡中对参数进行设置。在图像窗口中可以看到编辑的效果。

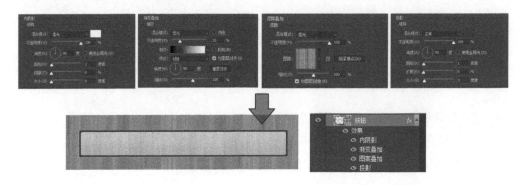

Step 04： 使用"直线工具"绘制出所需的线条，对标签栏进行分割，设置其"填
充"为5%，接着使用"投影"和"颜色叠加"图层样式对绘制的线条进行修饰，
并在相应的选项卡中对参数进行设置，在图像窗口中可以看到编辑的效果。

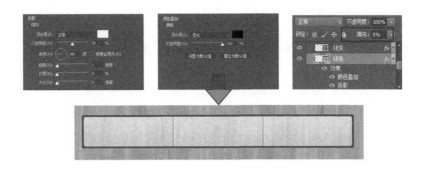

Step 05：使用"圆角矩形工具"绘制出所需的按下状态的形状，接着使用"内阴影"、"渐变叠加"、"图案叠加"和"投影"图层样式修饰绘制的形状，并在相应的选项卡中对参数进行设置。在图像窗口中可以看到编辑的效果。

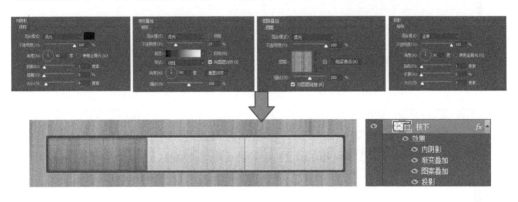

Step 06：使用"横排文字工具"输入所需的文字。打开"字符"面板对每个文字图层的属性进行设置，把文字按照相同的间距放在适当的位置上。

Step 07：对其中一个文字图层应用"投影"和"颜色叠加"图层样式，设置完成后，将编辑的图层样式复制和粘贴到其他的文字图层中，完成本例的编辑。

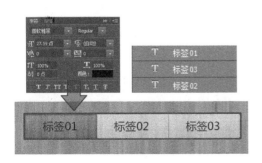

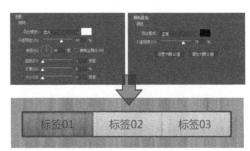

提示：在"图层"面板中对多个图层应用相同的图层样式，拷贝和粘贴样式是对多个图层应用相同效果的便捷方法，首先从"图层"面板中选择包含要拷贝的样式的图层，执行"图层>图层样式>拷贝图层样式"菜单命令，接着从"图层"面板中选择目标图层，然后执行"图层>图层样式>粘贴图层样式"菜单命令，即可粘贴图层样式到目标图层上。

3.7 图标栏

图标栏是一个从屏幕底部边缘向上滑出的一个面板，使用图标栏可以向用户呈现一组功能。

3.7.1 图标栏设计的基础知识

图标栏特别适合有三个或三个以上的操作，需要提供给用户选择并且不需要对操作有额外解释的情景。图标栏可以是列表布局也可以是宫格，宫格布局可以增加视觉的清晰度。下图为不同App中图标栏的设计效果。

使用图标栏可以展示和其他App相关的操作，比如作为进入其他App的入口。在一个标准的列表样式的底部图标栏中，每一个操作应该有一句描述和一个对齐的图标。如果需要，可以使用分隔符对这些操作进行逻辑分组，也可以为分组添加标题或者副标题。

图标栏在样式表现上也比较灵活，根据信息内容的需要，有的图标栏在界面的两侧，有的图标栏在界面底部且行数在两行以上，具体如下图所示。

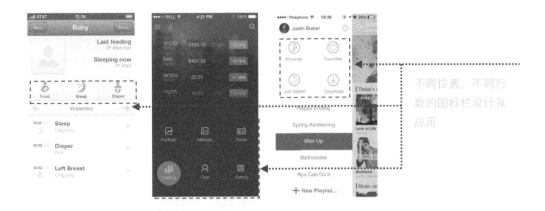

不同位置、不同行数的图标栏设计及应用

在设计图标栏的过程中，有的图标栏中只使用具有很强指示作用的图标对信息进行表现，而有的图标栏使用图标加文字的方式进行表现，如下图所示。不管使用哪种方式，图标栏中的图标都要与实际操作功能相符，并且整个图标栏的文字和图标风格要保持一致。

图标和文字的组合表现　　　　　　只使用图标进行表现

3.7.2 线性化图标栏设计

源文件：下载资源\03\源文件\线性化图标栏设计.psd

设计关键词：扁平化、线性化、iOS系统

软件功能提要：圆角矩形工具、渐变填充、"投影"图层样式、对齐、钢笔工具

制作步骤详解

Step 01： 在Photoshop中创建一个新的文档，执行"图层 > 新建填充图层 > 渐变"菜单命令，创建渐变填充图层。在打开的"渐变填充"对话框中对参数进行设置。在图像窗口中可以看到编辑的效果。

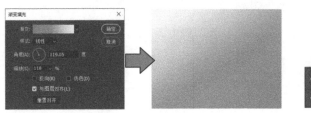

Step 02： 选择工具箱中的"圆角矩形工具"，绘制出一个白色的圆角矩形，无描边色。接着双击该图层，在打开的"图层样式"对话框中勾选"投影"复选框，在相应的选项卡中对参数进行设置。在图像窗口中可以看到编辑的效果。

Step 03： 使用"矩形工具"绘制出所需的形状，填充R165、G110、B37的颜色，无描边色。接着在"图层"面板中将"填充"设置为20%，降低其显示的不透明度。在图像窗口中可以看到编辑的效果。

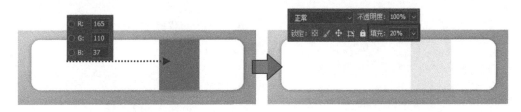

Step 04：选择工具箱中的"横排文字工具"，在适当的位置单击，分别输入五个不同的词组，得到五个文字图层。打开"字符"面板，对文字的字体、字号和颜色进行设置，在图像窗口中可以看到编辑的效果。

Step 05：使用"移动工具"将五个文字图层选中，接着单击选项栏中的"垂直居中对齐"按钮 ⬚ ，再单击选项栏中的"水平居中分布"按钮 ⬚ ，对文字的排列和分布进行调整。在图像窗口中可以看到编辑的效果。

Step 06：选择工具箱中的"钢笔工具"，在其选项栏中选择"形状"模式进行绘制。接着单击鼠标添加一个锚点，拖曳鼠标对方向线进行调整，绘制出云朵的外形，填充上R165、G110、B37的颜色，无描边色。在图像窗口中可以看到绘制的效果。

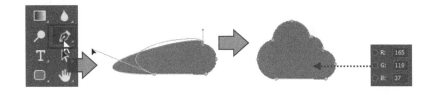

Step 07：在"钢笔工具"选项栏中选择"减去顶层形状"选项，继续使用"钢笔工具"在"云图标"形状图层上进行绘制，在上方绘制一个较小的云朵形状，得到一个等宽度的云朵边框形状，在图像窗口中可以看到绘制的效果。

Step 08： 参考Step 06和Step 07的绘制方法，通过形状的相减来绘制出其他的线性图标效果。分别为其填充上适当的颜色，按照所需的位置进行排列。在图像窗口中可以看到制作的结果。

3.7.3 纸箱纹理的图标栏设计

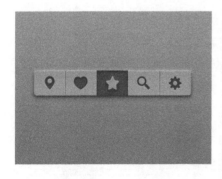

素材：下载资源\03\素材\03.jpg

源文件：下载资源\03\源文件\纸箱纹理的图标栏设计.psd

设计关键词：立体化、阴影、纸箱、Android系统

软件功能提要：圆角矩形工具、多种图层样式、自定形状工具、钢笔工具

制作步骤详解

Step 01： 在Photoshop中创建一个新的文档，将03.jpg素材添加到图像窗口中，适当调整其大小，使其铺满整个画布，最后将素材与"背景"图层合并在一起。在图像窗口中可以看到编辑的结果。

Step 02：使用"圆角矩形工具"绘制一个圆角矩形，填充上R199、G157、B106的颜色，无描边色。接着使用"斜面和浮雕"、"内阴影"图层样式对其进行修饰，并在相应的选项卡中对参数进行设置。在图像窗口中可以看到编辑的效果。

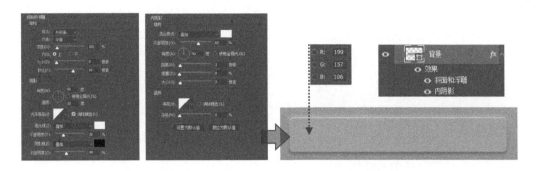

Step 03：继续使用图层样式对圆角矩形进行修饰，添加上"光泽"图层样式，在相应的选项卡中设置参数。在图像窗口中可以看到添加"光泽"样式后的编辑效果。

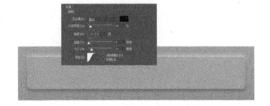

Step 04：再为"背景"形状图层添加上"投影"和"渐变叠加"图层样式，在相应的选项卡中对参数进行设置，此时圆角矩形已经应用了以上五个不同的图层样式。在图像窗口中可以看到编辑后的效果。

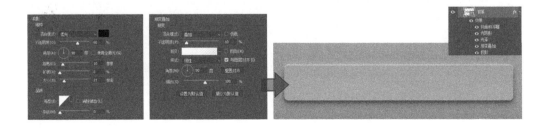

Step 05：使用"直线工具"绘制出所需的线条，设置其"填充"为80%，接着使用"投影"和"渐变叠加"图层样式对绘制的线条进行修饰，并在相应的选项卡中设置参数。在图像窗口中可以看到编辑的效果。

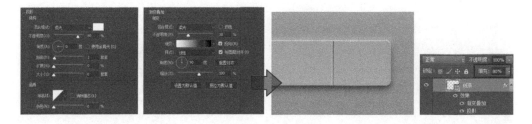

Step 06：对编辑完成的"线条"形状图层进行复制，接着调整每个线条的位置，对圆角矩形进行分割。在图像窗口中可以看到编辑的效果。

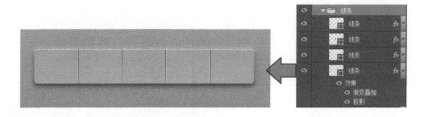

Step 07：使用"矩形工具"绘制出矩形，放在适当的位置，设置"填充"为80%，使用"内发光""内阴影""渐变叠加"图层样式对其进行修饰，并在相应的选项卡中设置参数，将其作为选中状态的背景。在图像窗口中可以看到编辑的效果。

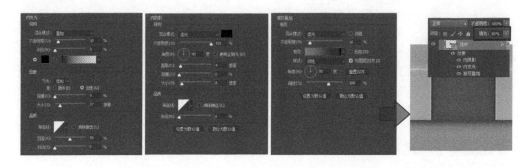

Step 08：打开"形状"面板，单击扩展按钮，选择"旧版形状及其他"选项，载入旧版形状，将"五角星"形状拖曳到相应的位置，调整图形的大小和填充色。使用"钢笔工具"对形状进行细微调整，填充上适当的颜色，无描边色。

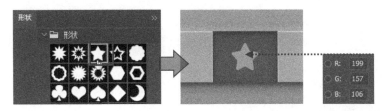

Step 09: 双击绘制得到的五角星的形状图层, 在打开的"图层样式"对话框中勾选"斜面和浮雕"、"内阴影"、"投影"和"渐变叠加"复选框, 在相应的选项卡中对参数进行设置。在图像窗口中可以看到编辑的效果。

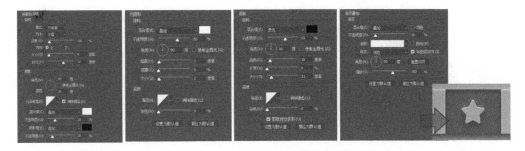

Step 10: 使用"钢笔工具"绘制出定位图标, 接着使用"内发光"、"投影"、"内阴影"和"渐变叠加"图层样式对其进行修饰, 并在相应的选项卡中对各个选项进行设置, 最后将图标放到适当的位置。在图像窗口中可以看到编辑的效果。

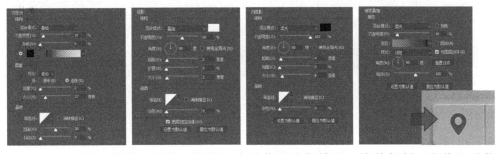

Step 11: 绘制出其他的图标, 按照一定的位置进行排列。接着复制"定位"形状图层中的图层样式, 将其粘贴到其他的图标图层中。在图像窗口中可以看到本例最终的编辑效果。

Part 4

iOS系统及其组件的设计

  iOS是由苹果公司开发的手持设备操作系统，该系统使用了扁平化的设计理念来进行创作，通过鲜艳的色彩、极细的字体、直观的界面元素来为用户提供层次鲜明、重点突出的信息。在本章的内容中我们将先对iOS系统的发展和特点进行讲解，然后介绍iOS系统中基础控件的设计规范，最后通过两个实训案例来带领读者掌握iOS系统扁平化设计风格的制作方法和技巧，接下来就让我们一起进入iOS系统的世界吧。

4.1 iOS系统设计特点

无论是对于开发者还是对于用户，iOS系统都能呈现出无比自然、极为实用的体验，让他们在初见时倍感惊喜，又在不知不觉间深感不可或缺。在进行iOS系统的App界面设计之前，让我们一起来了解iOS系统的一些特点。

4.1.1 充分利用整个屏幕

iOS系统充分利用了整块屏幕，重新考量了插图和视觉框架的使用，将应用内容扩展到整个屏幕，让用户有更多的查看空间。

iOS系统中的天气应用程序就是充分利用整个屏幕的最好例子。如左图所示，漂亮的天空图片充满全屏，其中呈现了用户所在地当前天气情况这个最重要的信息，同时也留出空间呈现了每个时段的气温数据。并且，当天气不同时，界面呈现的效果也有一定的变化，让用户能直观感受到天气的变化。

4.1.2 去除不必要的修饰效果

UI界面中的边框、渐变和阴影有时会让UI元素显得很厚重，甚至有的会抢了所要表现信息的风头。不管是什么样式的设置，都应该以要表现的信息内容为核心，让UI成为内容的支持。iOS系统就充分做到了这一点，所有系统界面的设计都尽可能少地使用边框、渐变和投影，干净、整洁的画面有效保证了内容的主体地位。如右图所示为iOS系统中音乐应用程序的界面效果，界面中采用了扁平化的表现方式，去掉多余的阴影、边框等，突出更多有用的信息。

4.1.3 半透明和模糊设计

半透明的设计可以帮助用户看到更多可用的内容，并可以起到短暂的提示作用。透明的控件让它遮挡住的地方变得模糊——看上去像蒙着一层薄纸一样，它并没有遮挡屏幕剩余的部分。

通过半透明的界面元素不但可以暗示背后的内容，也可以唤起深度感，这样的设计在iSO7系统中就已经开始使用，并且随着iSO系统版本的升级，透明度也在不断改变，但是被一直保留下来。

4.1.4 信息的清晰呈现

信息的清晰呈现，也就是保证清晰度，可以确保应用程序中信息内容始终是核心。它可以通过几种方式来实现，一种是利用合理的留白；一种是颜色的简化；还有一种是利用深度来体现层次，这三种方式都可以让最重要的内容和功能清晰，易于交互。

留白可以传达给用户一种平静和安宁的视觉感受。留白让重要的内容和功能更加醒目，它可以使一个应用程序看起来更加聚焦和高效。如下图所示为iOS系统中的界面效果，可以看到界面中使用了大量的留白来突出重要的信息内容。

留白

　　iOS系统中的每一款系统应用程序都选择了一个主题色，例如播客应用程序使用紫色为主题色。所有的界面配色都围绕选择的主题色展开，这样的设计可以让重要区域的信息更加醒目，巧妙地表现交互性，统一视觉主题，并且让信息无论在深色还是浅色的背景中，都能看起来显得干净、纯粹。另外，在iOS系统中我们还能更改主题颜色和字体，让清晰呈现这个特点得以最大程度地发挥出来。

　　如下所示的几个界面就分别应用了不同的主题色展开设计。使用一种主题色的好处是能够突出应用程序的重点，并巧妙地暗示其交互性。同时，同一主题色也会给应用程序带来一致性的视觉主题。iOS内置的应用程序使用了一系列纯净的系统颜色，而这些颜色无论在深色还是浅色的背景中都能使信息内容显得干净、纯粹。

4.1.5 用深度体现层次

iOS系统使用不同的视觉层级和真实的运动效果来传达界面的层次感，赋予界面活力，并促进用户的理解。让用户通过触摸和探索来发现应用程序的功能，这样的设计不仅会使用户产生喜悦感，还可以让用户更方便地了解其功能，使用户关注到更多额外的内容。在对内容进行导航时，往往通过层级转场。

在iOS系统中的应用程序内提供了选项卡堆叠功能，通过不同的深度效果显示出卡片的上线层级关系。以健康应用程序为例，在界面中点击右上角的"添加数字"按钮时，就会弹出相应的添加数据选项卡，如右图所示，输入数据并拖动选项卡，能够比较清楚地看到应用程序中的层级关系。

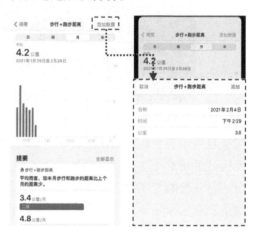

4.2 iOS系统设计的规范

在对iOS系统的界面进行设计之前，让我们一起来了解该系统设计中所需要遵循的一些规范。本节将主要介绍iOS系统的设计规范。

4.2.1 设计原则

在移动UI的界面设计中，无论对任何类型、任何内容的应用程序进行创作，都需要遵循一些标准及原则，在这个标准及原则范围内创作出来的作品，才能够符合这个系统的特点，才能正常地进行应用。接下来我们就对iOS系统的设计原则进行讲解，具体如下。

1．美学完整性

美学完整性不单单是在平面设计中进行应用，也不只是用来衡量应用程序艺术表现或风格特征，而是指应用程序的界面是否与其功能相互一致。

用户在使用应用程序之初，很大程度上会被应用程序的界面和某些行为所影响：一款清晰、一致地传达出其目的和特点的应用程序，会让用户对其产生信任。然而，如果界面使用了杂乱无章、充满干扰的UI组件，则用户可能会对这个应用程序的可靠性产生怀疑。

在如下图所示的iOS系统中的界面设计效果中，不论是健康应用程序与股市应用程序中的图表，还是短信语音界面中的音频声波，它们都是美学完整性的具体表现，能够使界面中的元素与当前操作或功能的表现一致。

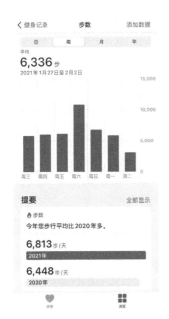
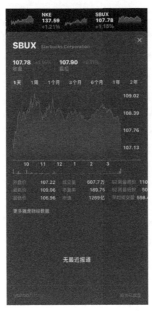

对于游戏应用程序而言，很多用户都会喜欢充满乐趣、让人兴奋和期待探索的迷人界面效果，因此，移动UI界面设计中的艺术化表现就显得更加重要。用户不希望在游戏中完成一个严肃或枯燥的任务，他们期望游戏的界面和行为能够与它的目的相一致。

2．布局的一致性

　　布局的一致性可以让用户将应用程序中的某部分界面的经验和技巧复用到其他地方，或者从一个界面复用到另一个界面中。布局一致性的应用程序不是对其他应用程序的简单复制，也不是风格上的一成不变，相反，它关注用户所习惯的方式和标准，并提供一个具有内在一致性的体验。布局的一致性要求设计者重点把握好界面中的组成控件，合理对其进行规划和构图。

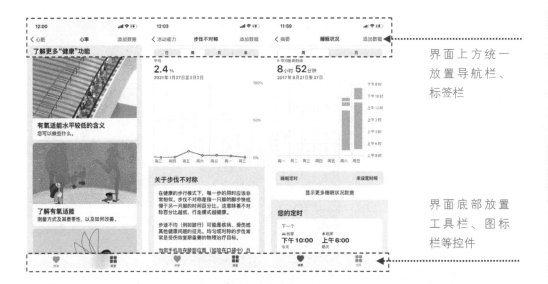

界面上方统一放置导航栏、标签栏

界面底部放置工具栏、图标栏等控件

3．及时反馈

　　及时反馈可以让用户知道系统已经收到操作指令，并通过呈现的操作结果，了解任务的进程。我们在设计每个移动UI界面元素的过程中，都要考虑这个元素的多种不同状态的显示效果，尽量通过色彩、高度、边框等简单的方式来呈现出一定的变化。如下图所示为用户点击某个按钮时所显示出来的不同状态。

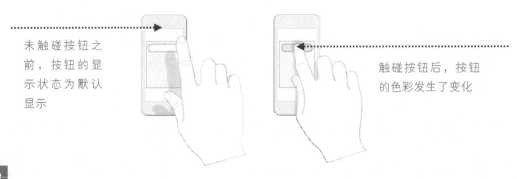

未触碰按钮之前，按钮的显示状态为默认显示

触碰按钮后，按钮的色彩发生了变化

　　iOS系统内置的应用程序在响应用户的每一个操作行为时都提供了可感知的反馈。当用户点击列表项和控件时，它们会被短暂地高亮。而那些会持续超过几秒的操作，对应的控件则会显示已完成的进度。

　　精致的动画效果和声音都可以提供反馈效果，帮助用户了解其行为的结果，但是本书是基于视觉设计的，因此如果想要设计出来的界面能够给用户一些反馈，在不同状态下的控件效果设计就显得非常有必要了。如下图所示的扁平化的输入框，设计师为其设计了4种不同的状态，以满足不同交互情况下的使用，让其设计的作品更加实用，符合及时反馈这一基本的设计原则。

4.2.2 适应性和布局

　　人们通常希望能够在所有设备上和任何环境下使用自己喜欢的应用程序。在iOS系统中，可以配置界面元素和布局，例如在执行多任务处理时、在拆分视图时，或者在旋转屏幕时，可自动更改形状和大小。对设计者来讲，设计一个适应性强的界面在任何环境下都能提供出色的用户体验，这非常重要。

1. 设备尺寸和方向

　　iOS设备具有多种屏幕尺寸，并且都可以纵向或横向使用，如下图所示。像在iPhone 12和iPad Pro这样的全面屏设备中，显示屏的圆角与设备的整体尺寸紧密匹配，而在其他设备中，如iPhone 8和iPad Air等，则会有矩形显示屏。

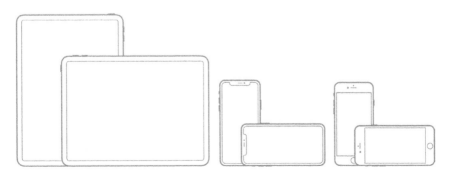

如果应用程序要在特定的设备上运行，就需要确保该应用程序可以在该设备的所有屏幕尺寸上运行。换句话说，iPhone应用程序必须在每个iPhone屏幕尺寸上运行，而iPad应用程序必须在每个iPad屏幕尺寸上运行。以下为iOS设备与屏幕设计尺寸比。

设备	设计分辨率(px)	开发尺寸（pt）	屏幕尺寸(in)	倍率
iPhone X	1125×2436	375×812	5.8	@3x
iPhone XR	828×1792	414×896	6.1	@2x
iPhone XS	1125×2436	375×812	6.5	@3x
iPhone XS Max	1142×2688	414×896	6.5	@3x
iPhone 11	828×1792	414×896	6.1	@2x
iPhone 11 Pro	1125×2436	375×812	5.8	@3x
iPhone 11 Pro Max	1242×2688	414×896	6.5	@3x
iPhone 12 mini	1125×2436	372×812	5.4	@3x
iPhone 12	1170×2532	390×844	6.1	@3x
iPhone 12 Pro	1170×2532	390×844	6.1	@3x
iPhone 12 Pro Max	1284×2778	428×926	6.7	@3x
iPad mini	1536×2048	768×1024	7.9	@2x
iPad	1620×2160	810×1080	10.2	@2x
iPad Pro	1668×2388	834×1194	11	@2x

2. 安全区域

由于新一代iPhone是全面屏设计，所以当为iOS设备做界面设计时，必须确保布局填满屏幕，而不是被设备的圆角、传感器外壳或访问主屏幕的指示器所掩盖，如下图所示。大多数App使用系统提供的UI元素，状态栏、导航栏和工具栏会扩展到屏幕顶部和底部弧形区域。

为避免内容被设备的圆角、传感器外壳或访问主屏幕的指示器所掩盖，从iOS 11开始，iOS系统就引入了Safe Area（安全区域）的概念。Safe Area不位于曲面屏边缘区域，也不会被顶部条形区域和底部条形区域遮挡，并且能够根据界面动态调整大小。安全区域可帮助设计者将视图放置在整个界面的可见部分内。

以iPhone 12 mini为例，其分辨率达到了1125px×2436px，在设置的界面中，上方的状态栏区域为88px，下方的home触发区域为68px，除去这两个区域后，iPhone 12 mini的设计安全区域为2280px，如下图所示。

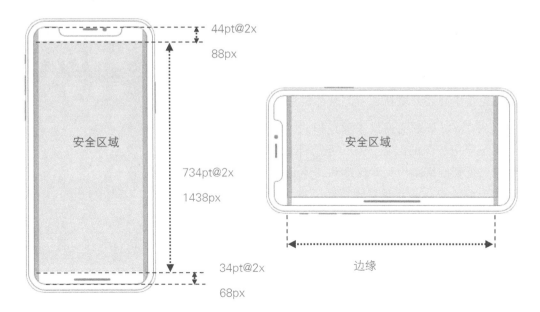

3．合理布局

在为iOS系统做设计的时候，还要注意界面内容的整体布局。交互元素最好不要靠近角落，而位于屏幕边缘的视觉元素要移动位置，在部分情况下需要根据屏幕的大小重新做排版设计，如下图所示。除此之外，如果界面采用水平布局，那么交互元素两侧距离应该相同，在左侧、右侧旋转时位置固定，方便用户记忆。

4.2.3 色彩和字体

移动UI界面由一个个控件组成，这些控件又是由一个个的形状和文字来进行表现的，而表现形状最基础、最直观的就是色彩。接下来我们就对iOS系统中色彩和文字的使用规范进行讲解。

1．色彩

iOS提供了一系列系统颜色，这些颜色可以自动适应鲜艳度和辅助功能设置的更改，如增加对比度和减少透明度。iOS系统中内置的应用程序使用了一系列干净的颜色，使得它们无论是单独还是整体，看起来都非常醒目。

由于iOS新系统提供了深色模式，在这种模式下将对整个系统应用较深的配色方案，系统外观和应用都将以更暗的背景、更亮的文本、高对比度和其他元素呈现。所以，iOS针对这个颜色模式，对色彩规范做了更为详细的修改、分类和整理，并为每一种系统色都专门进行了针对 Dark Mode（深色模式）的调整，确保这些色彩在浅色和深色模式中都能拥有比较好的可读性、协调性和美观性，如下图所示。

红色
R255 R255
G59   G69
B48   B58

橙色
R255 R255
G149 G159
B0   B10

黄色
R255 R255
G204 G214
B0   B10

绿色
R52   R48
G199 G209
B89   B88

蓝绿色
R90   R100
G200 G210
B250 B255

蓝色
R0   R10
G122 G132
B255 B255

靛青
R88   R94
G86   G95
B214 B230

紫色
R175 R191
G82   G90
B222 B242

粉红
R255 R255
G45   G55
B85   B95

在iOS系统中，色彩有助于暗示交互性、传达活力并提供视觉上的一致性。以上系统内置的颜色，当将其应用到界面中以后，通过对比还是能看到在浅色背景和深色背景下细微的色彩差异的。如下图所示即为蓝色在深色背景和浅色背景中的对比效果。

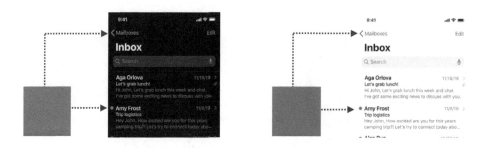

除以上几种颜色外，iOS系统还引入了6种不透明灰色，如下图所示，可以在半透明效果不佳的情况下应用它们。例如，相交或重叠的元素，以及网格中的线条，在不透明的情况下看起来效果会更出色。

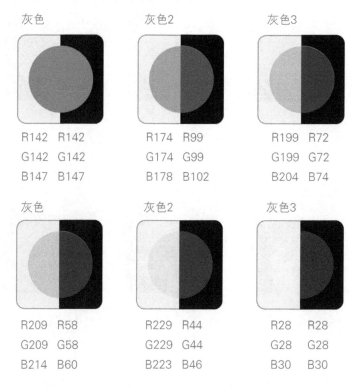

虽然iOS系统对系统颜色做了明确的规范，但是同时也强调了这些系统颜色并不是强制使用的，在设计的过程中，按需取用颜色即可。需要注意的是，如果要创建多种自定义颜色，请确保它们在一起会协调。

2. 字体

在移动设备中，文字的安排是由网格系统处理的，但字体本身也对用户的视觉印象与使用经验影响非常大，不可不注意。iOS系统的默认英文字体为Helvetica Neue，该字体现代感十足，非常紧凑利落，具有较高的可辨识度、清晰度和一致性，如下左图所示。iOS系统的默认中文字是苹果的苹方字体，其英文为San Francisco (SF)。苹方字体包含简体及繁体中文，官方版包含了极细、纤细、细、常规、中黑和中粗6种字重，可以很好地满足日常设计和阅读的需求，如下右图所示。

标准的英文字体，更适合扁平风格，轻盈、极具现代感

中文字体纤细，每一笔画的粗细相同，显得简约、大气

在界面设计的过程中，文字字号的变化非常重要。对用户来说，不是所有内容都同等重要。当用户选择一个更大的文字大小时，用户会想让自己所在意的内容易于阅读，一般并不希望页面中的字体都一样。这就需要在字体的应用过程中，使用不同的字号来对不同信息的内容进行表现。

除了要正确把握字号，还要注意文字色彩、行间距、字间距等方面的问题。过小的文字和过密的字间距，会让用户的阅读和使用体验大打折扣，降低了用户了解的兴趣，而对文字的段落进行合理设计，适当增大行间距和字间距，放大字号，会让界面中大量的信息更加容易阅读。如下图所示分别为在相同字号情况下，不同行间距的排列效果，两者相互对比，可以很清晰地感受到其不同之处，很明显前者更容易被用户所接受。

Chapter I

Chapter I

1801. I have just returned from a visit to my landlord the solitary neighbour that I shall be troubled with. This is certainly a beautiful country! In all England, I do not believe that I could have fixed on a situation so completely removed from the stir of society. A perfect misanthropist's heaven:and Mr. Heathcliff and I are such a suitable pair to divide the desolation between us. A capital fellow! He little imagined how my heart warmed towards him when I beheld his black eyes withdraw so suspiciously under

1801. I have just returned from a visit to my landlord the solitary neighbour that I shall be troubled with. This is certainly a beautiful country! In all England, I do not believe that I could have fixed on a situation so completely removed from the stir of society. A perfect misanthropist's heaven:and Mr. Heathcliff and I are such a suitable pair to divide the desolation between us. A capital fellow! He little imagined how my heart warmed towards him when I beheld his black eyes withdraw so suspiciously under their brows, as I rode up, and when his fingers sheltered themselves, with a jealous resolution, still further in his waistcoat. as I announced my name.

适当地增加行高和行间距，提高文字的易读性

不要让文字出现重叠的状况

通常设计应用程序界面的过程中，只使用一种字体，几个不同的字体混搭会让应用程序的界面呈现出杂乱无章的效果，加重用户视觉上的负担，如下图所示。

一个App中只使用一种姿态，能够让整个设计保持高度的一致性

一个App中使用多种字体，会让界面显得杂乱无章，加重用户的视觉负担，不易于使用和阅读

相反，可以使用一个字体及仅仅几个样式和大小，根据不同的语义用途定义不同的文本区域，例如正文或标题，就能够让界面中的信息层次分明。如下图所示为iOS系统中内置应用程序界面，可以看到其中使用的所有字体都是同一种字体。

4.2.4 图标设计

iOS系统图标全部应用了圆角设计，它的圆角采用$x^3+y^3=C$的三次曲线绘制完成，如下左图所示，如果觉得绘制起来麻烦，那么也可以使用现成的iOS系统图标模板来进行创作，如下右图所示。

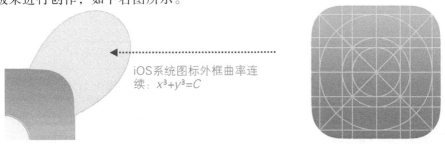

iOS系统图标外框曲率连
续：$x^3+y^3=C$

随着iOS系统的升级，应用程序图标的尺寸也会随之发生一些细微的变化。一个应用程序想要完成一个完整的设计，要生成多种不同大小的App图标。总的来说，iOS系统中的图标基本分为App启动图标、搜索图标、设置图标、通知图标和App Store图标几大类。以下为部分图标的设计尺寸。

图标类型	iPhone（@2x）	iPhone（@3x）	iPad、iPad mini	iPad Pro
App启动图标	120px × 120px（60pt × 60pt）	180px × 180px（60pt × 60pt）	152px × 152px（76pt × 76pt）	167px × 167px（83.5pt × 83.5pt）
搜索图标	80px × 80px（40pt × 40pt）	120px × 120px（40pt × 40pt）	80px × 80px（40pt × 40pt）	
设置图标	58px × 58px（29pt × 29pt）	87px × 87px（29pt × 29pt）	58px × 58px（29pt × 29pt）	
通知图标	40px × 40px（20pt × 20pt）	60px × 60px（20pt × 20pt）	40px × 40px（20pt × 20pt）	
App Store图标	1024px × 1024px（1024 pt × 1024pt @1x）			

除以上几种图标，iOS还允许用户为不同应用场景设计自定义图标，例如导航栏图标、工具栏图标、标签栏图标等。在这些图标因其应用场景的大小，其大小要求也各不相同。

　　导航栏位于页面顶端，其上方为状态栏，而工具栏位于页面的底端，包含执行与当前视图或视图内容相关操作的按钮。导航栏和标签栏中的图标大小分为目标尺寸和最大尺寸两种尺寸大小。在具体设计过程中，可以在目标尺寸和最大尺寸之间适当调整图标的大小，但不可超过最大尺寸，否则iOS 系统可能会对图标进行裁剪，导致图标显示不完整。

目标尺寸	最大尺寸
72px × 72px(24pt × 24pt @3x)	84px × 84px(28pt × 28pt @3x)
48px × 48px(24pt × 24pt @2x)	56px × 56px(28pt × 28pt @8x)

　　标签栏与工作栏一样，也是位于页面的底部，用于链接多个页面，实现各页面平级切换的效果。标签栏图标设计分为竖屏和横屏状态两种。在竖屏状态下，标签栏图标位于标签标题之上；在横屏状态下，标签栏图标则与标题并排显示。根据不同设备和朝向，系统会显示常规或紧凑的标签栏。因此，我们为应用设置标签栏图标时，也应当包含两种不同尺寸，以下为标签栏图标设计尺寸。

属性	常规标签栏	紧凑标签栏	效果展示
目标宽度和高度（圆形Glyphs）	75px × 75px (25pt × 25pt @3x) 50px × 50px (25pt × 25pt @2x)	54px × 54px (18pt × 18pt @3x) 36px × 36px (25pt × 25pt @2x)	
目标宽度和高度（方形Glyphs）	69px × 69px (23pt × 23pt @3x) 46px × 46px (23pt × 23pt @2x)	51px × 51px (23pt × 23pt @3x) 34px × 34px (23pt × 23pt @2x)	
目标宽度（宽Glyphs）	93px(31 @3x) 62px(31 @2x)	69px(23 @3x) 46px(23 @2x)	
目标高度（高Glyphs）	84px(28 @3x)	60px(28 @3x)	

图标是应用程序功能的高度集中表现的结果。因此图标的设计除了要表现出作用，还要在遵循设计原则的基础上，适当地添加设计师的创意，这样制作出来的图标才会获得用户的认可。iOS系统中图标的设计需要遵循以下几个要点。

1.简洁、易识别

用户首先注意到的一点便是图标通常尺寸都很小，因此图标设计的关键就在于简单地勾勒出应用程序的整体概念。通常的做法就是，使用一种或两种辨识度较高、能代表概念的物体，然后再用优秀的色彩和流畅的形状来塑造美感。除此之外，图标的隐喻性也要强，图标应该是一种能够有所代表的符号，具有一种标识性。

如下图所示的相机图标和通话图标，都是与现实生活中所接触到的事物相互关联的。让用户能够清楚、准确地了解其用途，避免由于对图标所表达的意思因理解错误而造成操作失误的情况出现。

2.保持视觉的一致性

在iOS 系统中，应用需要保证所有图标的视觉一致性。无论是仅使用自定义图标还是将自定义图标与系统图标混合使用，一个App中的所有图标都应该在细节水平、视觉重量、描边粗细、位置和透视角度等方面保持一致的观感，如下图所示。如果图标的观感重量不一致，则可以通过微调图标的尺寸，使所有图标看起来一样大。

为了实现视觉一致性，将图标调整至相对统一大小，并使用相同的描边效果

3. 轮廓清晰易看清

图标的设计一定要保证图标易于辨认。通常情况下，实心图标比轮廓图标更容易辨认，所以如果在App中的图标必须包含线条，那么就要使该线条的权重与其他图标和App的版面设计相协调。最好不要用实心和空心来表现一个事物的两种状态，而是尽量用不同的颜色来表现，如下两幅图像所示。

分别使用蓝色和灰色来表现按钮的不同状态，辨识度较高

分别使用空心和实心来表现按钮的不同状态，削弱了辨识度，易误导用户

4.2.5 桌面小部件

在全新的iOS系统中，增加小组件这个功能。这些小组件赋予了App全新的入口，提炼出App中的关键信息，呈现在iPhone、iPad中最为醒目的位置，如下图所示。帮助用户个性化地呈现屏幕内容，优化主屏幕的体验。

iPad屏幕中显示的小组件

iPhone屏幕中显示的小组件

在iOS系统中，小组件通常分为小、中、大三种不同的大小尺寸。在iPhone、iPad上，用户可以在小组件库当中找到小组件，并且选取合适的尺寸。这些小组件

无论尺寸大小，其设计目标都非常明确。例如一个卡路里跟踪的 App 的小组件需要显示的，可能是当天消耗的卡路里。而新闻 App 的小组件可能展现的是热门资讯。当然，相对于较小尺寸的小组件。大尺寸的小组件可以显示更多的数据。

以天气 App 的小组件为例，在较小尺寸的小组件中，可以仅仅显示当前、当地的天气信息，一天中的最高、最低温度。而在中等尺寸的小组件中，同样的数据也被列举出来，但是额外增加了 6 个小时的天气预报。在大尺寸的小组件当中，可以在6小时预报的基础上，还额外展现未来 5 天的天气预报，如下图所示。

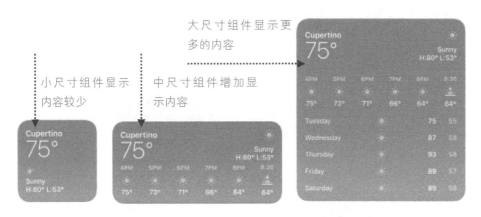

屏幕小组件可以缩放以适应不同的屏幕尺寸，除了使用 SF Pro 和 SF Symbols，还需要控制好小组件的尺寸，以确保在每个不同的设备屏幕上看起来都很舒适。以下为小组件的开发尺寸，在具体设计时候可以利用公式pt= px×dpi/72，将pt换算为px。

开发尺寸	小尺寸	中尺寸	大尺寸
414pt×896pt	169pt×169pt	360pt×169pt	360pt×376pt
375pt×812pt	155pt×155pt	329pt×155pt	329pt×345pt
414pt×896pt	159pt×159pt	348pt×159pt	322pt×357pt
375pt×667pt	148pt×148pt	322pt×148pt	322pt×324pt
320pt×568pt	141pt×141pt	291pt×141pt	291pt×299pt

尽管用户可以点击小组件进入App，然后进行更多的操作。但是小组件的核心功能始终是显示少量但是即时的、有用且高度相关的信息，让用户无须进入 App 就可以获取信息。下面我们简单介绍如何创建漂亮的小组件。

1. 营造舒适的信息密度

设计小组件时，需要注意其中数据信息的疏密程度。如果小组件中信息过于稀疏，那么它看起来不太具有存在的必要；如果信息量太过于密集，则可能让整个小组件显得臃肿密集且难于使用，如下图所示的两个App小组件就非常不错。所以，我们往往需要寻求合理整合内容的方法，确保人们能够立刻掌握信息，尤其是基本的信息，并且可以在此基础上花费更多的时间来查看细节。例如，可以在较大尺寸的小组件上，用图片来替代简单的文本，这样也不会让信息过载，呈现形式上的改变，会让体验变得更好。

留白的处理让小组件显得更整洁

用图片代替更利于信息的查看

2. 巧用系统配色

丰富漂亮的色彩是非常吸引人的，但是色彩决不能影响用户吸收和了解基本的信息。色彩应该可以作为提升整个小组件视觉属性的一种重要手段，但是它一定不能喧宾夺主，影响内容本身。iOS内置了一系列的系统推荐用色，我们在设计时可以以此为参考，下图就是iOS系统小组件。

利用iOS系统内容颜色，使用丰富且大胆的配色，呈现出精致的效果

3. 注意浅色和深色模式的应用

　　在新版本的iOS系统中，配备了全新的深色模式，所以设计小组件时，应当保证在小组件在浅色和深色模式下数据信息都能清晰显示。通常，尽量避免在深色模式下，使用浅色的小组件背景并搭配深色的文本，或者在浅色模式下，使用浅色文本搭配深色背景，下图的两个系统的小组件。

浅色背景搭配深
色文本

深色背景搭配浅
色文本

4.3 iOS系统界面设计实训

　　前面我们对iOS系统中的设计规范、界面特点、设计原则等基础进行了讲解，接下来我们通过两个案例来对具体的图标及界面设计的方法和技巧进行讲解，以巩固所学知识，具体如下。

4.3.1 扁平化图标设计

源文件：下载资源\04\源文件\扁平化图标的设计.psd

设计关键词：扁平化、渐变、色块、iOS系统

软件功能提要：圆角矩形工具、矩形工具、椭圆工具、钢笔工具、自定形状工具等

设计思维解析

遵循 iOS 系统图标外观的设计规范。

融入现实中事物场景或对实物进行联想和简化。

利用色块堆砌、渐变填充等方式完成图标的制作。

设计要点展示

线性渐变背景：
使用线性渐变对图标的背景进行填充，符合 iOS 系统图标设计规范。

色块的堆砌：
利用纯色、渐变色块堆砌的方式绘制图标，打造出扁平化的设计风格。

制作步骤详解

Step 01：在Photoshop中创建一个新的文档，使用"圆角矩形工具"绘制所需的形状。接着在其选项栏中对形状的颜色进行设置，在图像窗口中可以看到绘制结果。

Step 02：使用"矩形工具"绘制一个矩形。接着利用形状相减的方式绘制一个圆形。得到一个拱形，填充上所需的线性渐变色，放在画面适当的位置。

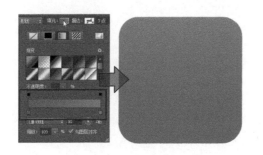

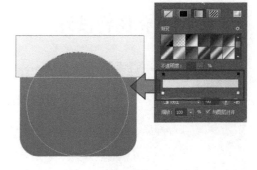

Step 03：选中绘制的"拱形"形状图层，执行"图层 > 创建剪贴蒙版"菜单命令，通过创建剪贴图层来对拱形形状的显示范围进行控制。在图像窗口中可以看到编辑的效果，在"图层"面板中可以看到编辑的剪贴图层效果。

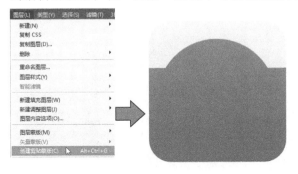

提示：在图层上右击，在弹出的菜单中选择"创建剪贴蒙版"命令，也可以创建剪贴蒙版。

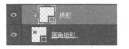

Step 04：选中工具箱中的"椭圆工具"，绘制出所需的圆形，分别填充上适当的颜色，放在图标上方的左右两侧，在图像窗口中可以看到绘制的结果。

Step 05：使用"椭圆工具"绘制一个圆形，适当调整其大小，放在合适的位置，使用"渐变叠加"和"描边"图层样式对绘制的形状进行修饰。

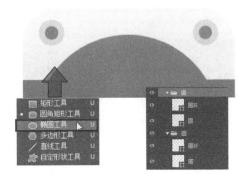

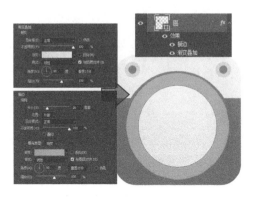

Step 06：绘制一个半圆形，填充上白色，放在适当的位置。接着绘制一个音符的形状，填充上适当的颜色，无描边色，在图像窗口中可以看到绘制的音乐图标效果。

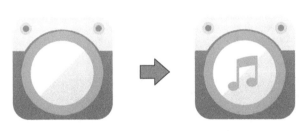

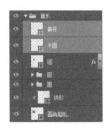

Step 07：使用"圆角矩形工具"绘制所需的形状。接着在其选项栏中对形状的颜色进行设置，将其作为图标的背景，在图像窗口中可以看到绘制结果。

Step 08：使用"钢笔工具"绘制出所需的形状。接着在该工具选项栏中对该形状的颜色进行设置，在图像窗口中可以看到绘制的结果。

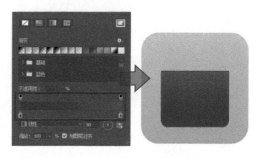

Step 09：对Step 08中绘制的形状进行复制。在"钢笔工具"的选项栏中对该形状的颜色进行重新设置，并适当调整其大小，放在合适的位置。

Step 10：在"形状"面板中导入"旧版形状及其他"形状，选择工具箱中的"自定形状工具"。在其选项栏中选择"三角形"形状进行绘制，为其填充上白色，再适当调整三角形的角度、大小和位置。

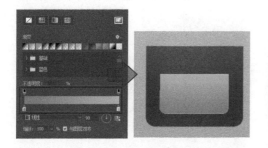

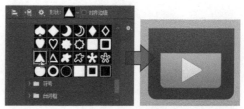

Step 11：选择工具箱中的"矩形工具"，在其选项栏中对绘制形状的颜色进行设置。接着在适当的位置单击并拖曳鼠标，绘制矩形，在图像窗口中可以看到绘制的结果。

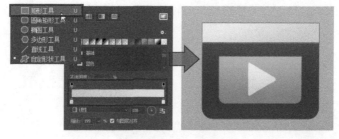

Step 12：选择工具箱中的"钢笔工具"，绘制出所需的斜线条。接着在该工具的选项栏中对形状的颜色进行设置，将绘制的斜线条放在矩形的上方。

Step 13：参考Step 11和Step 12的绘制方法和相关设置，绘制另外一组形状，并使用剪贴蒙蔽对形状的显示进行控制。在图像窗口中可以看到编辑的效果。

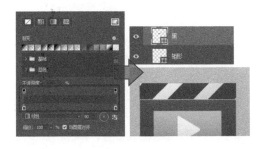

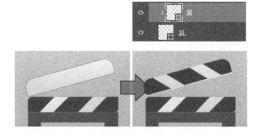

Step 14：选择工具箱中的"椭圆工具"，绘制所需的圆形，填充适当的颜色，对图标进行修饰。接着创建图层组，对绘制的图层进行管理和分类，完成视频图标的制作。

Step 15：使用"圆角矩形工具"绘制出所需的形状，在该工具的选项栏中设置填充的颜色，作为云图标的背景。

Step 16：使用"钢笔工具"绘制出所需的云朵形状，填充上白色，无描边色。接着使用"渐变叠加"和"投影"图层样式对绘制的云朵形状进行修饰。

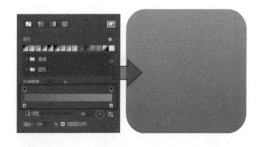

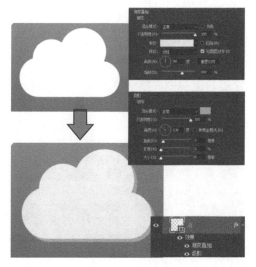

> 提示： "投影"图层样式中的"扩展"选项用来设置阴影的大小，其值越大，阴影的边缘显得越模糊。具体的效果会和"大小"选项相关。"扩展"的参数值的影响范围仅仅在"大小"所限定的像素范围内。

Step 17：使用"椭圆工具"绘制一个正圆形，为其填充上白色，无描边色。接着使用"内阴影"图层样式对绘制的形状进行修饰，并在"图层"面板中设置图层的"填充"选项为0%。在图像窗口中可以看到绘制的结果。

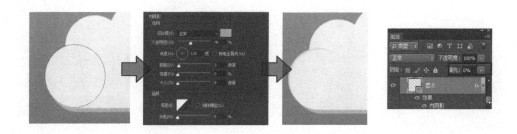

Step 18：参考Step 17的编辑方法和设置，绘制出另外一个圆形，填充上白色，无描边色，使用"内阴影"图层样式对其进行修饰。

Step 19：使用"钢笔工具"绘制出所需的箭头形状。接着为其填充上所需的渐变色，再对箭头形状进行复制，放在适当的位置。在图像窗口中可以看到编辑的效果。

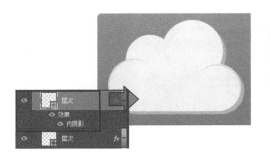
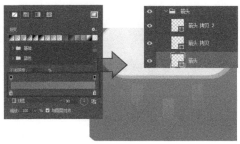

Step 20：选择工具箱中的"椭圆工具"，绘制出所需的圆形，填充上白色，无描边色，放在适当的位置，对云图标进行修饰。在图像窗口中可以看到该图标绘制的结果。

Step 21：选择工具箱中的"圆角矩形工具"，绘制出图标的背景，在其选项栏中对其填充色进行设置。在图像窗口中可以看到绘制的结果。

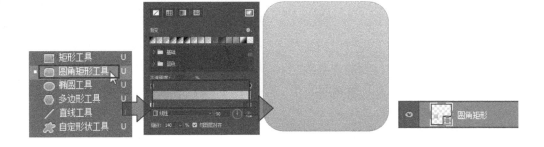

Step 22：选择工具箱中的"钢笔工具"绘制出所需的齿轮形状，在该工具的选项栏中对形状的填充色进行设置。接着使用"内阴影"图层样式对绘制的形状进行修饰，并在相应的选项卡中对参数进行设置。

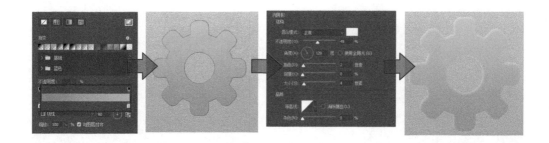

Step 23：使用"椭圆工具"绘制出圆形，利用形状相减的绘图模式制作出圆环的形状。接着为其设置所需的填充色，放在图标上适当的位置。

Step 24：对前面绘制的齿轮形状和圆环形状进行复制，更改复制后形状的颜色和大小，放在适当的位置，完成设置图标的制作。在图像窗口中可看到绘制的结果。

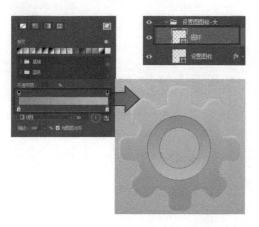

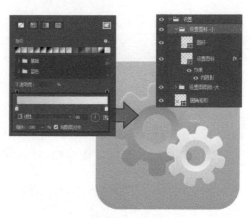

Step 25：利用软件中的形状工具绘制出拨号图标的形状，为其分别填充上适当的颜色，再利用图层样式进行修饰。在图像窗口中可以看到拨号图标的制作效果。

Step 26：参考前面的图标绘制的方法和设置，绘制出联系人图标的效果，为绘制的形状分别填充上适当的颜色。在图像窗口中可以看到绘制的效果。

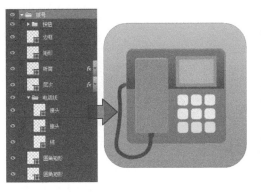

4.3.2 半透明效果的界面设计

素材：下载资源\04\素材\01、02.jpg

源文件：下载资源\04\源文件\半透明效果的界面设计.psd

设计关键词：半透明、线性化、扁平化、iOS系统

软件功能提要：圆角矩形工具、"不透明度"选项、图层蒙版、钢笔工具、"描边投影"图层样式

设计思维解析

iOS 系统中的规范设计，通过半透明的界面元素来暗示背后的内容。

半透明的界面类似于毛玻璃的透视效果，可以隐约可见下方内容，营造出一种意境。

通过降低图层的不透明度，以及使用溶图作为背景的方式来打造出半透明的毛玻璃透视效果。

设计要点展示

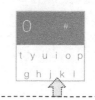

扁平化的图标：
利用渐变色对图标进行修饰，符合 iOS 系统的设计规范。

纤细的字体：
遵循 iOS 系统的字体应用规范，利用色彩突出标题文字的信息。

纵深感：
通过半透明与白底界面的结合应用，传达出界面的活力，使界面更容易被理解。

制作步骤详解

Step 01：在Photoshop中创建一个新的文档，将光盘\素材\04\01.jpg添加到文件中，适当调整其大小，使其铺满整个画布。

Step 02：选择工具箱中的"圆角矩形工具"。绘制一个黑色的圆角矩形，设置"不透明度"为20%，作为界面的背景。

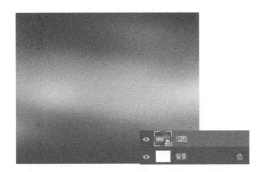

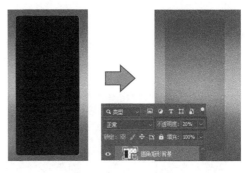

Step 03：用鼠标双击绘制得到的形状图层。在打开的"图层样式"对话框中勾选"投影"复选框，为其应用投影效果，并在相应的选项卡中设置参数。

Step 04：将光盘\素材\04\02.jpg添加到图像窗口中，适当调整其大小，使用"椭圆选框工具"创建选区。接着添加图层蒙版，对图像的显示进行控制。

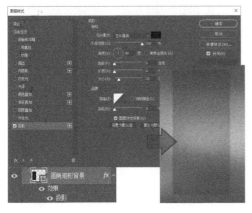

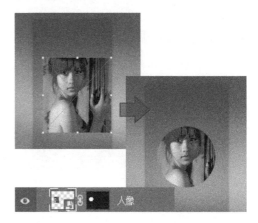

Step 05：双击"人像"图层。在打开的"图层样式"对话框中勾选"描边"和"投影"复选框，并在相应的选项卡中对各个选项进行设置。为其应用上白色的描边和阴影效果。在图像窗口中可以看到编辑后的结果。

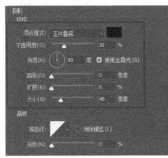

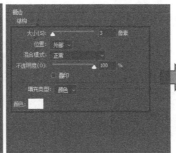

Step 06：选择工具箱中的"椭圆工具"。在适当的位置单击并进行拖曳，绘制一个正圆形，设置其填充色为白色，无描边色。使用"投影"图层样式对其进行修饰，并在相应的选项卡中对各个选项进行设置。在图像窗口中可以看到编辑的效果。

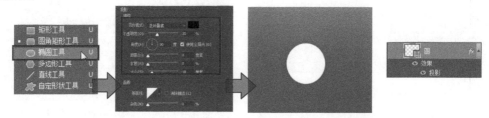

Step 07：选择工具箱中的"钢笔工具"，绘制出电话听筒的形状。接着双击绘制得到的"电话"形状图层。在打开的"图层样式"对话框中勾选"渐变叠加"复选框，使用渐变色对绘制的形状进行修饰，并在相应的选项卡中对参数进行设置。在图像窗口中可以看到编辑的效果。

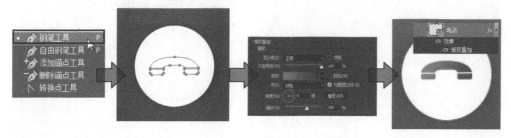

Step 08：采用相同的方法，绘制出更多圆形和其他所需的图标，并为图标设置适合的"渐变叠加"图层样式。

Step 09：使用"横排文字工具"输入所需的文字，打开"字符"面板进行设置，并添加"投影"图层样式进行修饰。

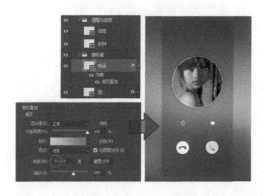

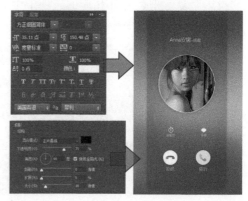

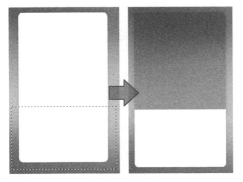

Step 10：对前面绘制的界面背景复制两次，开始第二个界面的绘制。将上方的圆角矩形填充上白色，清除其图层样式。使用"矩形选框工具"创建选区，利用图层蒙版控制其显示。

Step 11：使用"横排文字工具"输入所需的数字。在打开的"字符"面板中设置文字的字体和字号。将文字按照一定的位置进行排列，并使用图层组对图层进行管理。

Step 12：继续使用"横排文字工具"输入键盘上所需的字母。在"字符"面板中设置文字的属性，按照所需的位置排列文字，同样使用图层组对图层进行管理。

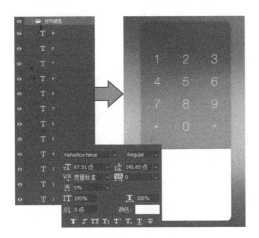

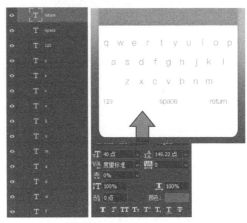

Step 13：选中工具箱中的"钢笔工具"，在其选项栏中进行设置。绘制出所需的图标，放在键盘上适当的位置。在图像窗口中可以看到键盘制作完成的效果。

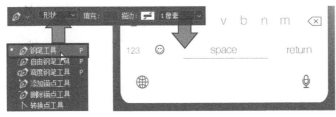

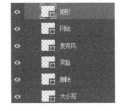

Step 14：对前面绘制的界面背景进行复制，开始日历界面的制作。接着使用"横排文字工具"输入所需的月份和年份，打开"字符"面板对文字的属性进行设置。

Step 15：使用"钢笔工具"绘制出所需的箭头，填充上白色，无描边色。接着对箭头进行复制，进行镜像处理，放在文字的两侧。在图像窗口中可看到编辑的效果。

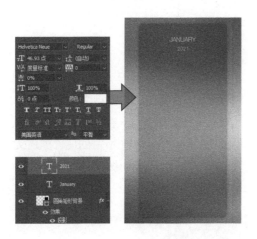

提示：执行"编辑 > 变换 > 水平翻转"菜单命令，可以对当前选中图层中的对象进行水平镜像处理。

Step 16：选择"横排文字工具"继续输入界面中所需的日期。调整文字的位置，打开"字符"面板对文字的颜色、字号、字体等进行设置。

Step 17：使用"椭圆工具"绘制一个圆形，设置其"填充"为0%。使用"描边"图层样式对其进行修饰，放在适当的位置上。在图像窗口中可以看到编辑的效果。

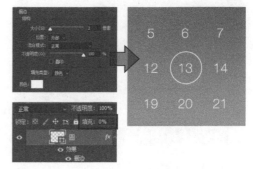

Step 18：使用"矩形工具"绘制出所需的矩形，填充上白色，无描边色。接着利用"横排文字工具"输入所需的文字，打开"字符"面板设置文字属性。

Step 19：参考前面的编辑制作出另外一组备忘录信息，添加上格式、大小、字体相同的文字信息。在图像窗口中可以看到编辑的效果。

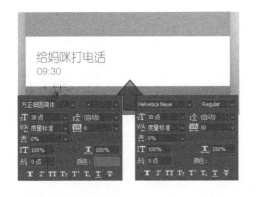

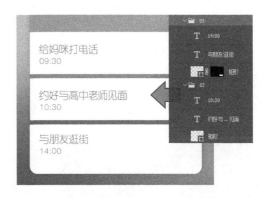

Step 20：使用"钢笔工具"绘制出所需的箭头。设置适当的填充色，无描边色，接着复制绘制的箭头，放在界面适当的位置，完成本案例的制作。在图像窗口中可以看到最终的编辑效果。

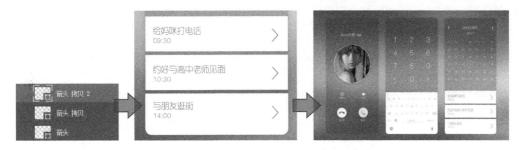

提示：在使用"钢笔工具"绘制形状的过程中，按住Shift键进行绘制，可以让路径按照45°倍数的倾斜角度进行折线移动，让绘制的箭头的两侧弯折角度更加准确。

Part 5

Android系统及其组件的设计

  Android一词的本义指"机器人"，同时也是Google于2007年11月5日发布的基于Linux平台的开源手机操作系统的名称。该平台由操作系统、中间件、用户界面和应用软件组成。它是当今移动设备应用最为广泛的操作系统之一，其界面中的元素利用活力的色彩和层次感极强的元素来为用户带来良好的操作体验。在本章中我们将对Android系统的发展史、设计规范和制作技巧等进行讲解，通过基础搭配案例的形式让读者快速掌握该系统的设计要领。

Android系统的特点

5.1

Android系统是两大主流系统之一，它因为开放性、丰富的硬件和操作方便等特点，被广泛应用到多种类型的移动设备中。接下来我们就对该系统的特点进行讲解，具体如下。

Android一词的本义指"机器人"，是一种基于Linux的自由及开放源代码的操作系统，主要使用于移动设备，如智能手机和平板电脑，由Google公司和开放手机联盟领导及开发。

Android系统在界面的设计上，最初是采用了拟物化的仿真式设计。拟物设计就是追求模拟现实物品的造型和质感，通过叠加高光、纹理、材质、阴影等各种效果对实物进行再现，可做适当程度的变形和夸张。下图分别为Android 2.0和Android 11版本的移动界面的图标设计，可以看到这些图标的外形层次感极强，与现实生活中的物品非常相似。

Android 2.0版本，界面中图标的外观一致，采用的拟物化进行设计

Android 11版本，界面中图标的外形各异，设计更为自由

由于Android系统强大的包容性，在为Android系统设计App界面的过程中，除了可以采用扁平化设计，还可以通过拟物化的设计来赋予界面更多的层次和特效，提升界面表现力，下图为Android系统中一些优秀的App界面设计效果。我们可以看到这些界面中的UI元素在制作的过程中，通过添加不同的阴影、材质、高光等，让这些元素呈现出了立体感和层次感，由此展示出较强的拟物化视觉效果。

　　在最近几年里,随着Android系统的不断升级，其界面的设计风格也发生了较大的变化，逐渐由3D、拟物发展至简约为主的扁平化设计风格。扁平化概念的核心意义就是去除冗余、厚重和繁杂的装饰效果。而具体表现在去掉了多余的透视、纹理、渐变，以及能做出3D效果的元素，这样可以让"信息"本身重新作为核心被凸显出来。同时，在设计元素上，也更强调抽象、极简和符号化，下图中的几个界面就是Android系统界面效果。

5.2 Android系统的设计规范

Android系统与iOS系统一样，在设计该系统中应用程序的界面时，也要遵循该系统的一些规范。接下来就对其度量单位、字体、颜色和图标的设计规范进行讲解，具体如下。

5.2.1 单位和度量

过去，程序员通常会以像素为单位设计计算机用户界面。例如，图片大小为32px×32px。如果在一个每英寸点数（dpi）更高的新显示器上运行程序，则用户界面会显得很小，从而导致用户很难看清楚界面中的内容。由此我们采用与分辨率无关的度量单位来开发程序以便解决这个问题。Android应用开发支持不同的度量单位，除了比较常用的px外，还有dp、dpi、sp这些单位。下面我们就来为大家一一介绍这些单位。

1.像素

像素是指屏幕上的点，是数码设备最小的独立显示单位，例如分辨率"1920*1080"就是指像素点个数。Android开发中不建议直接使用px，而是建议使用dp代替px来完成视图尺寸的定义。但是也有偶尔会用到px的情况，比如需要画1像素表格线或阴影线的时候，这个时候如果使用其他单位如dp，则会导致画面的线条显得模糊。

2.分辨率

分辨率是指屏幕纵向和横向像素个数，例如"1920*1080"，表示纵向有1920个像素点×横向1080个像素点。

3.英寸

英寸用于表达手机对角线的物理尺寸，1英寸(in) =2.54厘米(cm)。现在主流的安卓手机屏幕尺寸都比较大,比如Huawei P40 Pro的屏幕为6.58英寸、小米10 Pro的屏幕尺寸为6.678英寸。

4. dpi

dpi是指每英寸像素点数量，可以反映屏幕的清晰度， dpi=纵向像素平方+横向像素平方之和开根（初中勾股定理，求直角三角形的斜边长度）再除以英寸值，例如在分辨率"1920*1080"为5英寸的手机上，$\overline{dpi为\sqrt{(1920^2 + 1080^2)}}$ / 5约等于441。以下为Android对手机屏幕尺寸和dpi分级。

密度等级	dpi范围	密度值/dp和px比例	分辨率
低密度(ldpi)	0~120dpi	0.75 / 1dp=0.75px	240×320
中密度(mdpi)	120~160dpi	1	320×480
高密度(hdpi)	160~240dpi	1.5	480×800
超高密度(xhdpi)	240~320dpi	2	720×1280
超超高密度(xxhdpi)	320~480dpi	3	1080×1920
超超超高密度(xxxhdpi)	480~640dpi	4	1440×2560

5. dp

dp是一种基于屏幕密度的抽象单位，以160dpi为基准,是为了使开发者设置的长度能根据不同屏幕(分辨率/英寸也就是dpi)获得不同的像素(px)数量。例如，当屏幕将控件长度设为1dp时，那么在160dpi的屏幕上该控件长度为1px；而在240dpi的屏幕上该控件的长度为1×240/160=1.5个像素点。简单来说dpi会随着不同屏幕而改变控件长度的像素数量。以下为不同屏幕密度换算和倍率展示。

屏幕密度	倍数关系	标注单位	实际显示	效果展示
mdpi	1x	44×44dp	44×44px	
hdpi	1.5x	44×44dp	66×66px	
xhdpi	2x	44×44dp	88×88px	
xxhdpi	3x	44×44dp	132×132px	

6. sp

Android 系统的字体度量单位，主要用于字体的大小显示，与dp类似，唯一的区别就是sp可以随系统字体进行放大、缩小。当在设置中选中大字体模式后，使用sp标注的字体大小会自动缩放。

5.2.2 字体的使用标准

Android 的设计语言继承了许多传统排版设计概念，例如比例、留白、韵律和网格对齐。这些概念的成功运用，使得用户能够快速理解屏幕上的信息。为了更好支持这一设计语言，Android 4.0 Ice Cream Sandwich引入了全新的 Roboto字体家族，专为界面渲染和高分辨率屏幕设计，如下图所示。

当前的 TextView 控件默认支持极细、细、普通、粗等不同的字重，每种字重都有对应的斜体。另有 Roboto Condensed 这一变体可供选择，同样的，它也具有不同的字重和对应的斜体。

Android系统界面使用以下的色彩样式Text Color Primary Dark和Text Color Primary Light，下图为深色主题和浅色主题中的文字颜色显示效果。

当然，在做设计时除了可以应用Android系统默认的字体，设计师也可以使用一些其他更具个性化的字体。但是不管使用哪种字体，在同一个App程序或同一个界面中都应尽量使用同一类型或样式风格的字体。如右图所示的这个应用程序界面，就采用了风格统一的字体，有效保证了界面的整体美观性。

风格统一的字体

除了字体，在做设计的时候还要注意字号的处理。为不同控件引入字号大小上的反差有助于营造有序、易懂的排版效果。在同一个界面中使用过多不同的字号会造成混乱，在Android 设计中规定了几种字号大小，如下图所示。

14sp	Text Size Micro	
	Text Size Small	12sp
	Text Size Medium	
22sp	**Text Size Large**	18sp

在设计Android系统应用程序的界面时，不论是文字的字体，还是字号的大小，都应该遵循该系统中的设计规范。此外，还要注意文字与每个单元格之间的边界距离。

如右图所示分别为中文和英文显示下的Android系统设置界面效果，可以看到它们的字体、边界距离、字号都是严格按照规范来进行创作的。

在设计界面时，利用不同变换的字体可以创造出有序和容易理解的布局。Android系统对于界面中字号大小、字重和行距也有一定的规范。在进行界面设计时，需要遵循这些文字设计规范，以便界面中的内容能得到较好的显示。我们要知道，在同一个界面中并不是字体变换越丰富得到的效果就越好，反之，使用过多的字体变换反而容易给用户造成混乱的情况。

元素	字重	字号	行距	字间距
App bar（应用栏）	Medium	20sp	–	–
Buttons（按钮）	Medium	15sp	–	10
Headline（大标题）	Regular	24sp	34dp	0
Title（标题）	Medium	21sp	–	5
Subheading（副标题）	Regular	17sp	30dp	10
Body 1（正文1）	Regular	15sp	23dp	10
Body 2（正文12）	Bold	15sp	26dp	10
Caption（标注）	Regular	13sp	–	20

5.2.3 色彩的应用规范

Android系统中的色彩是从当代建筑、路标、人行横道，以及运动场馆中获取灵感的。由此引发出大胆的颜色表达激活了色彩，与单调乏味的周边环境形成鲜明的对比，强调大胆的阴影和高光，引出意想不到且充满活力的颜色，如下图所示。

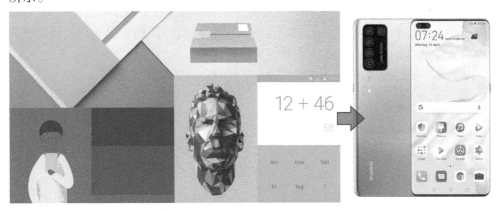

使用不同颜色是为了强调信息。选择合适你设计的颜色，并且提供不错的视觉对比效果。在Android系统中对界面元素的颜色也有一定的约束，下图为Android系统中的色彩运用规范。

| #33B5E5 | #AA66CC | #99CC00 | #FFBB33 | #FF4444 |
| #0099CC | #9933CC | #669900 | #FF8800 | #CC0000 |

蓝色是Android系统的调色板中的标准颜色，为了让界面的颜色丰富起来，并且表现出界面元素之间的对比和层次，系统又专门为每一种颜色设定了相应的深色版本以供使用，如下图所示。

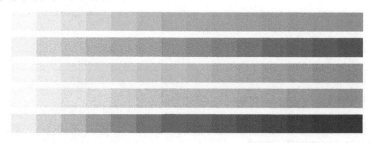

在对Android系统中的应用程序界面进行设计的过程中，要注意有关颜色的三个关键词，一个是大面积色块，一个是强调色，还有一个是界面主题色。接下来我们就对这三个概念进行详细讲解。

1.大面积色块

Android系统十分鼓励设计师在进行移动UI界面设计的过程中，使用较大面积的色块来让界面中的特定区域变得更加醒目。例如界面中的工具栏就非常适合使用纯色的色块来作为背景色进行配色，最好使用纯度较高的基础色，这也是应用程序的主要颜色，如下图所示。

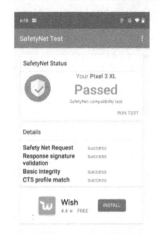

工具栏作为单个界面中的导航，其色彩适合使用大面积的色块作为背景色，但是它的明度要高于状态栏的颜色

由于状态栏在每个应用程序的界面中都会显示出来，因此其色彩的饱和度是最高的

信息显示区域的色彩最好选中明度较高的颜色

2.强调色

如果要突出某些特定的功能和信息，那么强调色的应用也是必不可少的。鲜艳的强调色用于主要操作按钮及组件，如开关或滑块。左对齐的部分图标或章节标题也可以使用强调色，如下图所示。

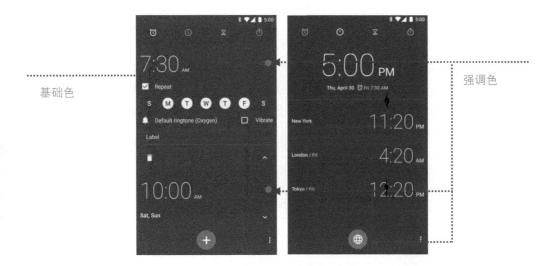

基础色

强调色

3.界面主题色

主题是对应用提供一致性色调的方法，样式指定了表面的亮度、阴影的层次和字体元素的适当不透明度。在设计界面的过程中，要对界面设定一个主题色，让整个应用程序的界面颜色围绕这个颜色展开，才能形成统一的视觉，如下图所示。

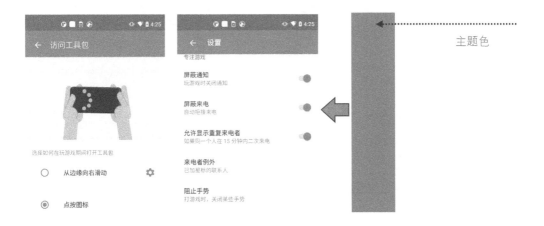

主题色

5.2.4 四种类型的图标

图标就是一个表示应用程序功能和内容的，并且为操作、状态和应用留第一印象的小幅图片。在为应用程序设计图标时，需要牢记设备是多种多样的。接下来我们就对Android系统中四种不同类型的图标进行讲解。

1.启动图标

启动图标在"主屏幕"和"所有应用"中代表应用的入口，下图展示了启动图标的显示位置。因为用户可以设置"主屏幕"的壁纸，所以要确保启动图标在任何背景上都清晰可见。启动图标的设计要简洁友好，有潮流感，当将很多含义精简到一个图标上时，就还要保证在这么小的尺寸中，图标传达的意义仍然是清晰、易懂的。

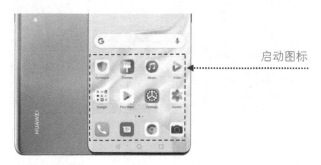

启动图标

创建启动图标，应遵循Android系统的总体风格，这个准则并不意味着限制你设计图标，而是强调用相同的方法在设备上分享图标。下图为Android系统中基础应用的图标效果。

安卓设备上的启动图标大小由屏幕大小和像素密度这两个因素共同决定。即使是屏幕大小相同，但像素密度不同，其图标的大小也会有所不同。以下展示了部分屏幕大小和像素密度下的启动图标大小。

屏幕大小	像素密度	图标尺寸
720×1280 px	xhdpi(320dpi)	96×96 px
1080×1920 px	xxhdpi(480dpi)	144×144 px
1440×2560 px	xxxhdpi(640dpi)	192×192 px

2.操作栏图标

操作栏图标是一个图像按钮，用来表示用户在应用中可以执行的重要操作。每一个图标都使用一个简单的隐喻来代表将要执行的操作，用户应当一目了然。下图展示了在Android系统中浅色主题和深色主题中操作栏图标的显示效果。

在浅色主题中，操作栏图标的颜色为#333333，可用60%的透明度，而深色主题中的图标颜色为 #FFFFFF，可用80%的透明度。

手机操作栏的图标大小根据屏幕大小和像素密度大多为64px×64px和144px×144px。通过象形、平面的方式进行表现，不要有太多细节，圆滑的弧线或尖锐的形状，最细的笔画不应小于2dpi，如下图所示。

3. 小图标和上下文图标

在应用的主体区域中，使用小图标表示操作或特定的状态。例如在Gmail应用中，每条信息都有一个星形图标用来标记"重要"，如下左图所示。设计小图标时要注意其色彩的应用，如下右图所示。例如在Gmail应用中，使用星形图标表示重要的信息。如果图标是可操作的，那么可以使用和背景色形成对比的颜色。

小图标大小一般为32px×32px或48px×48px，其样式非常的中性、平面和简单，最好使用填充图标而不是细线条勾勒。使用简单的视觉效果，让用户容易理解图标的含义。

4. 通知栏图标

如果设计的应用程序产生通知，那么需要给系统提供一个图标并显示在状态栏上，表示有一条新的通知。这样的图标就叫作通知栏图标，如下图所示。通知栏图标使用简单的平面图标，与应用的启动图标相似。

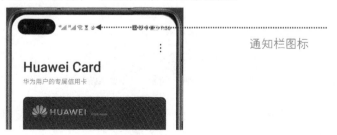

通知栏图标

通知栏图标大小一般为48px×48px和72px×72px。默认通知栏图标为系统启动图标，但是大部分厂商对原生的Android系统进行各种各样的改造，通知栏图标也不例外，所以不同厂商的通知栏图标也会存在差别，下图为小米手机的通知栏图标。

通知栏图标

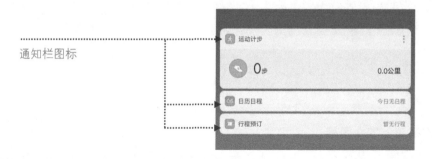

5.3 六种标准的Widget规范

Android系统从1.5版本开始，设计出了Widget框架，它是该系统独有的特性之一，在iOS系统中是不存在的。接下来我们就对Widget框架的设计规范和制作要领进行讲解。

5.3.1 Widget框架简介

Widget是在Android系统独有的特性之一，它可以让用户在主屏幕界面及时了解应用程序显示的重要信息，如下图所示。Android本身已经自带了时钟、音乐播放器、相框和Google搜索4个Widget程序，不过这并不能阻止大家开发更加美观，功能更丰富的版本。另外，微博客、RSS订阅、股市信息、天气预报这些Widget也都有流行的可能。

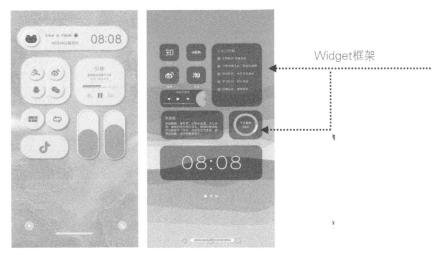

Widget框架

用户在主屏幕界面的空白区域长按，选择菜单的"小组件"选项，即可随意选取所需的部件并显示在主屏幕上。

标准的Android Widget主要有3个组成部分，一个限位框，一个框架，还有Widget的图形控件及其他元素，如下图所示。设计周全的Widget会在限位框边缘和框架之间及框架内边缘和Widget的控件之间都保留一些内填充。Widget 的外观被设计得与主屏幕的其他Widget相匹配。

半透明的框架

有内填充且包含
图形文字元素的内容

　　Widget框架一般都很小，在移动设备上嵌入非常方便，运行快速，并且形式多，可以以多种形式呈现出来，同时功能强大，可以为报告新闻、购物、列出最喜欢的乐队、展示最近看的视频。另外，Widget框架更像一个属于每个人的魔方，任由用户聚合，用户可以根据自己喜好，将多个Widget随心所欲地组合。

5.3.2 Widget框架的标准尺寸

　　Android系统中有6种不同尺寸的Widget，基于主屏幕的4x4（纵向）或4x4（横向）的网格单元。

Widget名称	像素	单元格	尺寸展示
4×1的Widget框架	320×100	4×1	
3×3的Widget框架	240×300	3×3	
2×2的Widget框架	160×200	2×2	
4×1的加长Widget框架	424×72	4×1	
3×3的横向Widget框架	318×222	3×3	
2×2的横向Widget框架	212×148	2×2	

前三种Widget框架为纵向，每个单元格为80px的宽度和100px的高度，后面三种Widget框架为横向，每个单元格的宽度为106px、高度为74px。

在设计Widget框架的过程中，每个Widget框架下方都会有阴影特效，它可以利用Photoshop中"投影"图层样式来完成。完成Widget框架的设计后，为了保证其阴影效果及半透明效果的呈现，在Photoshop中存储时，需要将Widget框架图片保存为PNG图片格式，在存储设置中使用PNG-24格式和8位色调来完成。

5.3.3 4×1的Widget框架设计

素材：下载资源\05\素材\01.jpg

源文件：下载资源\05\源文件\4×1的Widget框架设计.psd

设计关键词：层次、半透明、Android

软件功能提要：圆角矩形工具、多种图层样式、横排文字工具

制作步骤详解

Step 01：运行Photoshop应用程序，将01.jpg素材在其中打开，接着使用"圆角矩形工具"绘制所需的形状，设置填充色为白色，再将图层的"填充"值设为50%。

Step 02：使用"内发光"、"内阴影"、"投影"和"渐变叠加"图层样式对绘制的圆角矩形进行修饰，并在相应的选项卡中对参数进行设置，在图像窗口中可以看到编辑的结果。

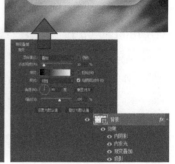

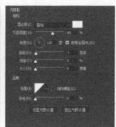

Step 03：使用"矩形工具"绘制出所需的线条，填充上适当程度的灰色，接着将"填充"设置为30%，在图像窗口中可以看到绘制的结果。

Step 04：使用"投影"图层样式对绘制的线条进行修饰，并在相应的选项卡中对参数进行设置。

Step 05：选择工具箱中的"横排文字工具"，输入所需的文字，打开"字符"面板对文字的字体、字号和字间距进行设置。

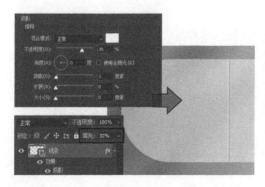

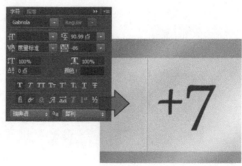

Step 06：双击创建的文字图层。在打开的"图层样式"对话框中勾选"斜面和浮雕"、"内阴影"和"投影"复选框，使用这三个图层样式对文字进行修饰，并在相应的选项卡中设置参数，最后设置"填充"为65%。

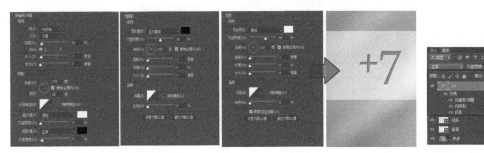

Step 07：使用"横排文字工具"添加上其他的文字，并绘制出圆环的形状，使用与Step 06中相同的样式对其进行修饰。

Step 08：绘制出圆角矩形，使用"内阴影"、"渐变叠加"、"投影"和"内发光"修饰形状，并设置"填充"选项为30%。

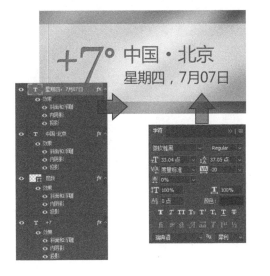

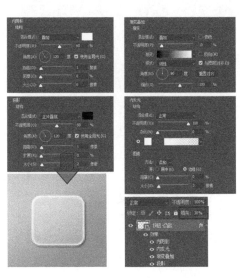

Step 09：使用"圆角矩形工具"绘制出另外一个圆角矩形，设置其"填充"为15%，使用"斜面和浮雕"、"内阴影"、"外发光"和"投影"图层样式对绘制的圆角矩形进行修饰，并在相应的选项卡中设置参数。在图像窗口中可以看到绘制的结果。

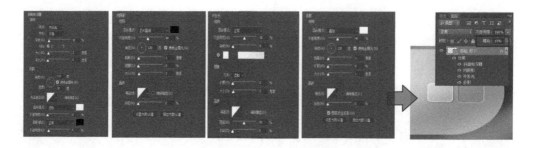

Step 10：使用"钢笔工具"绘制出字母F的形状。接着将该图层的"填充"设置为80%，使用"斜面和浮雕"、"内阴影"和"投影"图层样式对绘制的形状进行修饰，并在相应的选项卡中设置参数。在图像窗口中可以看到编辑的效果。

Step 11：绘制出字母C的形状，设置"填充"为80%，使用与字母F形状相同的图层样式对其进行修饰。

Step 12：使用"钢笔工具"绘制出天气的图标，并使用与字母F相同的图层样式进行修饰，设置其"填充"为60%。

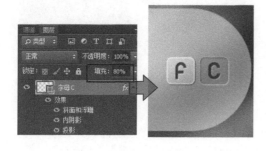

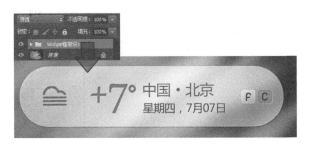

Step 13：创建图层组，对绘制的图层进行管理和分类。在图像窗口中可以看到本例最终的制作效果。

5.3.4 3×3的Widget框架设计

素材：下载资源\05\素材\02.jpg

源文件：下载资源\05\源文件\3×3的Widget框架设计.psd

设计关键词：立体、渐变、阴影、Android

软件功能提要：矩形工具、钢笔工具、椭圆工具、横排文字工具，以及多种图层样式的应用

制作步骤详解

Step 01：在Photoshop中打开02.jpg素材，接着使用"矩形工具"绘制出所需的形状，设置"不透明度"为70%，使用"内发光""内阴影""投影""渐变叠加"对绘制的矩形进行修饰。

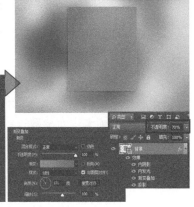

Step 02：使用"椭圆工具"绘制圆形，设置其"不透明度"为45%，利用"内阴影"和"渐变叠加"样式对其进行修饰。

Step 03：再次绘制一个圆形，使用"内发光"和"内阴影"图层样式进行修饰，将其放在界面适当的位置。

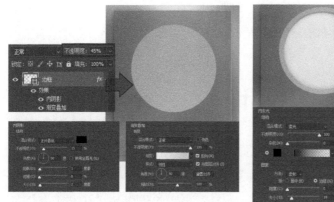
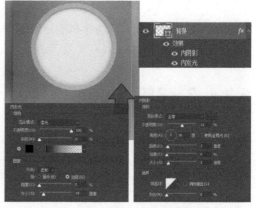

Step 04：使用"椭圆工具"绘制一个圆形，填充上适当的颜色。接着使用"钢笔工具"，在其选项栏中选择"排除重叠形状"选项，绘制出所需的形状。

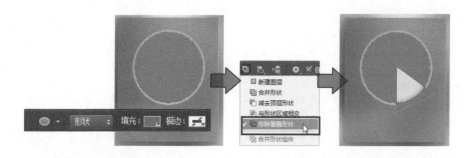

Step 05：使用"渐变叠加"和"描边"图层样式对绘制的形状进行修饰，并在相应的选项卡中对参数进行设置。

Step 06：选中"进度"图层，执行"图层 > 创建剪贴蒙版"菜单命令，对图层中的显示进行控制。

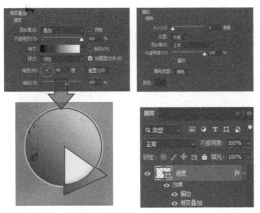

Step 07：使用"椭圆工具"绘制出所需的圆形，放在适当的位置。接着使用"斜面和浮雕""内阴影""图案叠加""外发光""投影"图层样式对其进行修饰，并在相应的选项卡中对参数进行设置。在图像窗口中可以看到编辑后的效果。

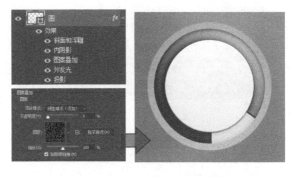

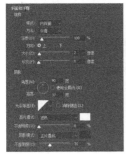

Step 08：使用"横排文字工具"输入所需的文字。接着打开"字符"面板对文字的字体、字号和字间距等进行设置，再使用"渐变叠加"图层样式对文字进行修饰，并在相应的选项卡中设置参数。在图像窗口中可以看到绘制的结果。

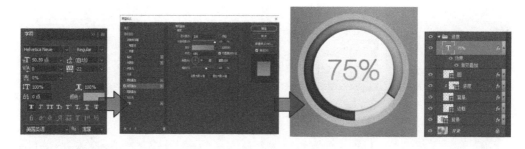

Step 09：使用"矩形工具"绘制一个矩形，在"图层"面板中设置其"不透明度"为8%，"填充"为0%。接着使用"渐变叠加"图层样式对绘制的矩形进行修饰，并在相应的选项卡中对参数进行设置。在图像窗口中可以看到编辑的效果。

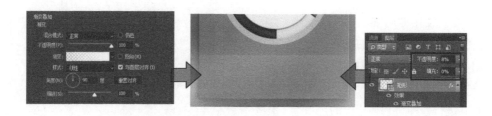

Step 10：使用"矩形工具"绘制线条，填充上白色，在"图层"面板中设置"不透明度"为15%。

Step 11：使用"横排文字工具"输入所需的文字，绘制形状，完善界面的内容，将其放在适当的位置，全部填充上白色。

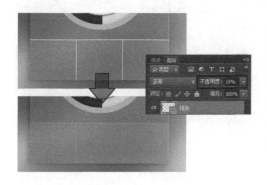

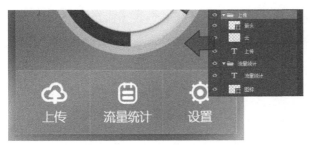

Step 12：使用"横排文字工具"添加其他的文字，并绘制出所需的形状作为图标，放在界面适当的位置。在图像窗口中可以看到本例最终的编辑效果。

5.3.5　2×2的Widget框架设计

素材：下载资源\05\素材\03.jpg

源文件：下载资源\05\源文件\2×2的Widget框架设计.psd

设计关键词：渐变、阴影、Android

软件功能提要：矩形工具、椭圆工具、钢笔工具、横排文字工具、图层蒙版、"投影"图层样式

制作步骤详解

Step 01：在Photoshop中将03.jpg素材打开，选择"矩形工具"，在选项栏中设置填充色，在页面中间绘制一个矩形，将其命名为"背景1"，双击图层，在打开的"投影"对话框中设置"投影"样式，修饰图形。

Step 02：使用"矩形工具"绘制另外一个矩形，将填充色设为白色，填充图形，双击图层，打开"图层样式"对话框，单击"渐变叠加"图层样式并设置要叠加的渐变颜色，修饰图形。

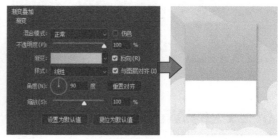

Step 03：选择"钢笔工具"，在选项栏中设置填充色，创建"风景"图层组，应用"钢笔工具"绘制山峰形状的图形。

Step 04：继续使用"钢笔工具"绘制出更多的图形，并为图形填充上合适的颜色，再选择"山峰2"，将"不透明度"设为80%。

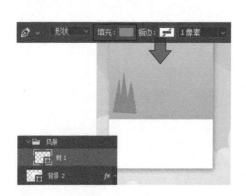

Step 05：选择"椭圆工具"，在选项栏中设置选项，按下Shift键单击并拖动，绘制出一个圆形，然后在"图层"面板中将"不透明度"设为8%，降低透明度效果。

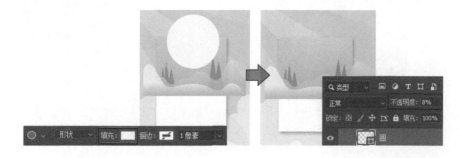

Step 06：按下Ctrl+J组合键，复制出几个圆形，分别选中复制的图形，调整图形的大小和透明度效果。

Step 07：选中工具箱中的"圆角矩形工具"，在适当位置绘制所需的云层图案，在"图层"面板中将图层"不透明度"设为15%。

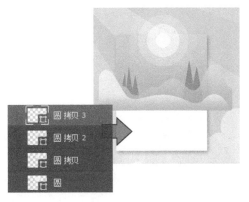
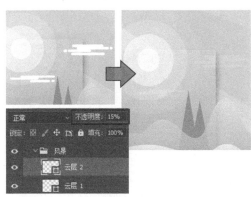

Step 08：按下Ctrl键单击"背景2"图层缩览图，载入图层选区，选中"风景"图层组，单击"图层"面板中的"添加图层蒙版"按钮，为图层组添加图层蒙版，将选区外的图形隐藏起来。

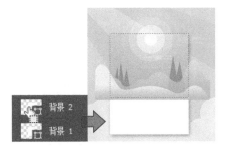
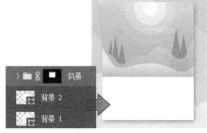

Step 09：使用"横排文字工具"输入所需的文字，打开"字符"面板对文字的属性进行设置。接着利用"钢笔工具"绘制出天气的图标，填充上白色，在"投影"图层样式中修饰文字和天气图标。

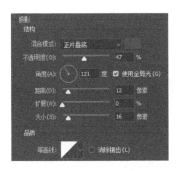

Step 10：创建"星期一"图层组，应用"横排文字工具"在下方输入文字，再绘制出天气图标，放在适当的位置。

Step 11：参考Step 07的设置和制作方法，添加上其余的信息，通过图层组对图层进行管理和分类。在图像窗口可以看到最终编辑效果。

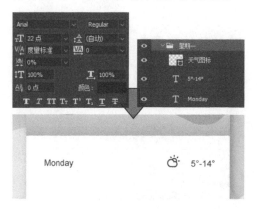

5.3.6　4×1的加长Widget框架设计

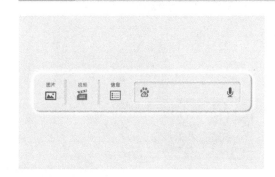

源文件：下载资源\05\源文件\4×1的加长Widget框架设计.psd

设计关键词：立体、层次、Android

软件功能提要：圆角矩形工具、钢笔工具、"内阴影"图层样式

制作步骤详解

Step 01：在Photoshop中创建一个新的文档，执行"图层>新建填充图层>纯色"菜单命令，创建"颜色填充1"图层，在打开的"拾色器（纯色）"对话框中输入填充色R240、G237、B230，应用设置颜色填充图像。

Step 02：选择"圆角矩形工具"，在选项栏中设置各选项，然后绘制出所需图形。然后双击图层，打开"图层样式"对话框，设置"斜面和浮雕""外发光"图层样式，修饰图形。

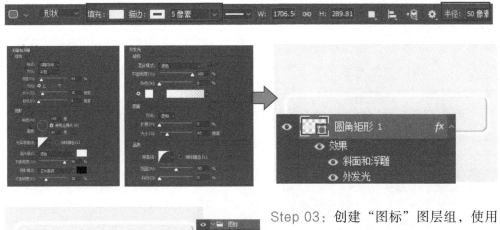

Step 03：创建"图标"图层组，使用"钢笔工具"绘制出所需的图标，填充上适当的颜色。

Step 04：选择"横排文字工具"，在绘制的图标上方输入所需的文字，然后打开"字符"面板对文字的属性进行设置。

Step 05：选择"圆角矩形工具"，在选项栏中设置各选项，在图标中间绘制所需的图形。接着设置"内阴影"图层样式修饰所绘图形。

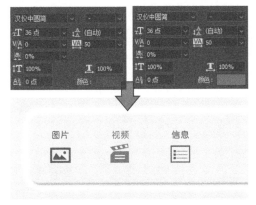

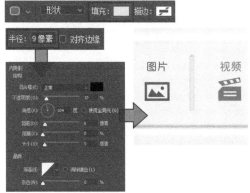

Step 06：按下Ctrl+J组合键，复制图标中间的分隔线，应用"移动工具"将复制的图形向右移到所需的位置。

Step 07：使用"圆角矩形工具"绘制出所需的图形，然后使用"描边"和"内阴影"图层样式对其进行修饰，并在相应的选项卡中对参数进行设置。

Step 08：选择"钢笔工具"在输入框两侧绘制出网站和语音图标，为绘制的图标填充上适当的颜色。

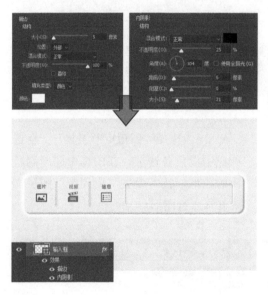

提示："描边"样式中的"位置"选项用于设置描边的位置；选择"外部"时，描边在形状或图片边缘外侧；选择"内部"时，描边在形状或图片边缘内侧；选择"居中"时，描边在形状或图片边缘居中。

5.3.7 3×3的横向Widget框架设计

素材：下载资源\05\素材\04.jpg

源文件：下载资源\05\源文件 \3×3的横向Widget框架设计.psd

设计关键词：仿真、层次感、 Android

软件功能提要：圆角矩形工具、 画笔工具、自定形状工具、编辑图层 蒙版、多种图层样式的应用

制作步骤详解

Step 01：在Photoshop中创建一个新的文档，双击前景色色块，在打开的"拾色 器（前景色）"对话框中对颜色进行设置，最后按下Alt+Delete组合键将前景色填 充到背景中。

Step 02：选择"圆角矩形工具"，绘制一个圆角矩形。接着双击该图层，在打开 的"图层样式"对话框中勾选"投影"、"渐变叠加"和"描边"复选框，使用 这三个图层样式对其进行修饰，在图像窗口中可以看到编辑的效果。

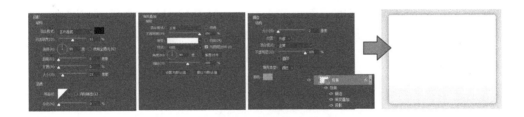

Step 03：选择工具箱中的"画笔工具"，在其选项栏中进行设置，并调整前景色为黑色。使用该工具在新建的"阴影"图层中进行绘制，并设置"不透明度"选项为73%。

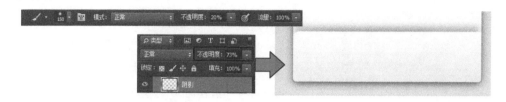

Step 04：绘制出所需的形状，使用"渐变叠加"图层样式对其进行修饰，并在相应的选项卡中对参数进行设置。在图像窗口中可以看到编辑的效果。

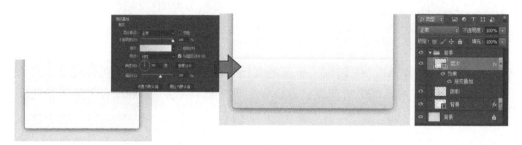

Step 05：使用"椭圆工具"绘制一个按钮的形状。接着使用"投影"、"内阴影"和"渐变叠加"图层样式对绘制的圆形进行修饰，在相应的选项卡中设置参数，把按钮放在适当的位置。在图像窗口中可以看到编辑的效果。

Step 06：选中工具箱中的"多边形工具"，在其选项栏中设置填充色，并输入"边"为3。绘制三角形，调整三角形的角度和大小，将其放在按钮上，并使用"投影"、"渐变叠加"和"内阴影"图层样式对绘制的三角形进行修饰。

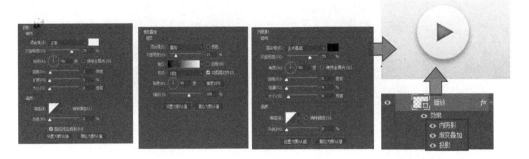

Step 07：参考Step 05和Step 06的操作方法及绘制技巧，绘制出其他的按钮，将其各自放在适当的位置。在图像窗口中可以看到编辑的结果。

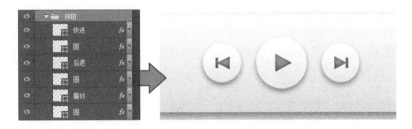

Step 08：使用"钢笔工具"绘制出所需的设置和音量图标。接着使用与三角形相同的图层样式对绘制的图标进行修饰，最后把图标放在按钮的两侧位置。

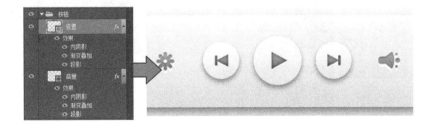

Step 09：绘制出所需的矩形，接着使用"渐变叠加"图层样式对其进行修饰，将矩形放在适当的位置上。

Step 10：使用"直线工具"绘制出所需的线条，利用"投影"图层样式对绘制的线条进行修饰，放在矩形的上下位置。

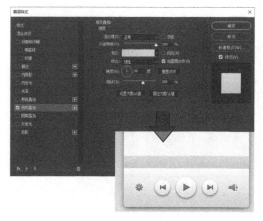 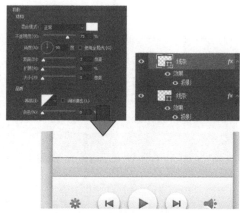

Step 11：使用"圆角矩形工具"绘制出播放器中所需的轨迹，利用"内阴影"、"内发光"和"投影"图层样式对其进行修饰。

Step 12：绘制出滑块上的进度，使用"描边"、"内发光"和"渐变叠加"图层样式对绘制的形状进行修饰。

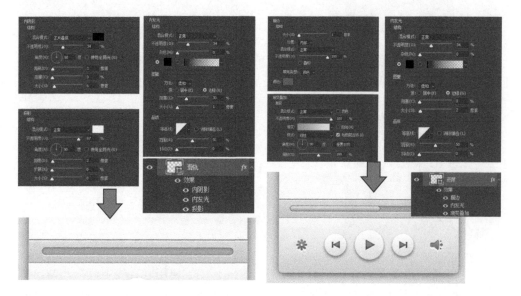

Step 13：将04.jpg素材添加到图像窗口中，适当调整其大小。接着将Step 02中绘制的形状添加到选区中，再对选区进行删减。完成选区的创建后，使用图层蒙版对图像的显示进行控制。在图像窗口中可以看到编辑的效果。

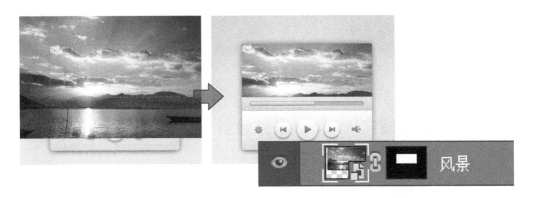

Step 14：双击"风景"图层，在打开的"图层样式"对话框中勾选"内阴影"复选框，并在相应的选项卡中设置参数，对该图层进行修饰。

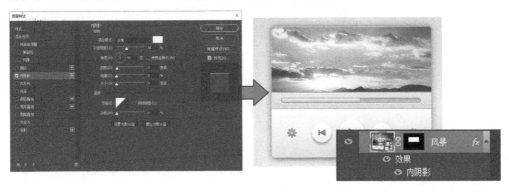

Step 15：将"风景"图层中图层蒙版载入选区。为选区创建照片滤镜调整图层，在打开的"属性"面板中对滤镜的颜色和浓度进行设置，调整图像的颜色。

Step 16：使用"钢笔工具"绘制出所需的高光形状，填充上白色。接着在"图层"面板中设置其"不透明度"为22%。在图像窗口中可以看到最终的编辑效果。

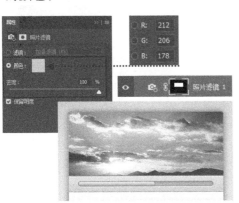

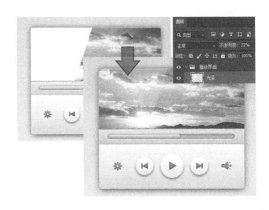

> 提示：“图层”面板中的“不透明度”选项用于控制图层中整体的不透明度，包括图层样式和图层中像素的不透明度，参数越小，图像的内容显示越淡。

5.3.8 2×2的横向Widget框架设计

素材：下载资源\05\素材\05.jpg

源文件：下载资源\05\源文件\2×2的横向Widget框架设计.psd

设计关键词：清爽、可爱、Android

软件功能提要：圆角矩形工具、矩形工具、钢笔工具、“高斯模糊”滤镜、剪贴蒙版

制作步骤详解

Step 01：在Photoshop中创建一个新的文档，将05.jpg素材添加到其中，适当调整其大小，使其铺满整个画布。接着创建“颜色填充1”图层，在打开的“拾色器（纯色）”对话框中设置填充色为R135、G201、B255，填充图像，再将“颜色填充1”图层的混合模式更改为“滤色”，调整背景颜色。

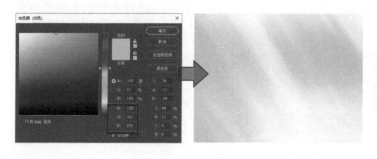

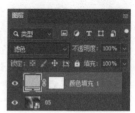

Step 02：选择工具箱中的"圆角矩形工具"，在选项栏中设置填充色，并输入"半径"为50像素，在画面中绘制出所需的形状。接着双击图层，打开的"图层样式"对话框中设置"阴影"图层样式对形状进行修饰，设置后在图像窗口中可以看到编辑效果。

Step 03：使用"矩形工具"绘制一个矩形。接着单击选项栏中的"路径操作"按钮，在弹出的菜单中选择"合并形状"选项，绘制出更多的矩形。

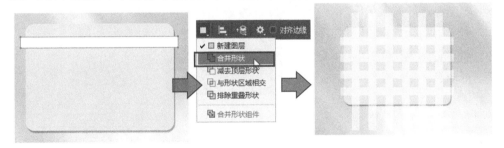

Step 04：执行"滤镜>模糊>高斯模糊"菜单命令，在弹出的对话框中单击"转换为智能对象"按钮。打开"高斯模糊"对话框，在对话框中设置"半径"为2.0，单击"确定"按钮，应用设置模糊矩形图形。

Step 05：执行"图层>创建剪贴蒙版"菜单命令，创建剪贴蒙版，对矩形的显示进行控制。在图像窗口中可以看到创建剪贴蒙版效果。

Step 06：创建"动物"图层组，使用"钢笔工具"绘制出所需的图形，使用"投影"图层样式对其进行修饰。

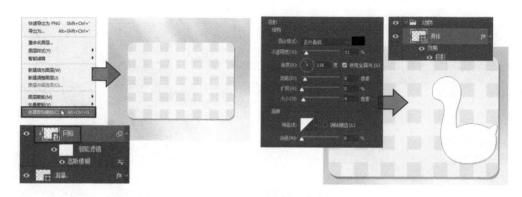

Step 07：继续使用"钢笔工具"绘制出小动物身体的其他部分，并为这些绘制的图形填充上适当的颜色。

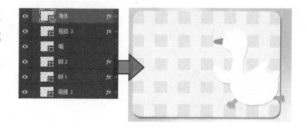

Step 08：选择"椭圆工具"，在头部位置单击并拖动，绘制一个小圆，将填充色设为R7、G0、B2，填充圆形，制作出小动物的眼睛。接下来再绘制一个更大一点的圆形，将填充色设为R255、G163、B164，制作脸部区域。

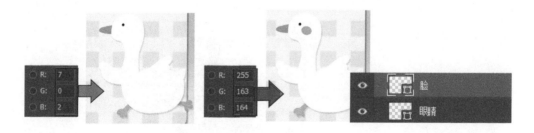

Step 09：选择"钢笔工具"，在选项栏中设置好填充色、描边色等选项，设置后应用"钢笔工具"在小动物脖子下方绘制出围巾形状的图形。

Step 10：选择"椭圆工具"，将填充色设为白色，在围巾上方绘制出多个圆形，执行"图层>创建剪贴蒙版"菜单命令，创建剪贴蒙版，隐藏多余的圆形。

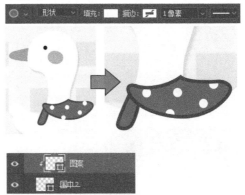

Step 11：按住Ctrl键不放，单击"背景"图层缩览图，载入图层选区，选中"动物"图层组，单击"图层"面板下方的"添加图层蒙版"按钮，为图层组添加图层蒙版，对图形的显示进行控制，在图像窗口显示设置后的效果。

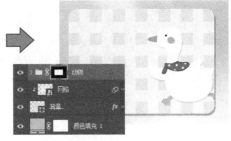

Step 12：创建"帽子"图层组，结合"钢笔工具"和"椭圆工具"绘制所需的图形，为绘制的图形填充上适当的颜色。

Step 13：选择工具箱中的"横排文字工具"，输入所需的文字，打开"字符"面板对文字的字体、字号等属性进行设置。

Step 14：双击文本图形，打开"图层样式"对话框，在对话框中设置"描边"图层样式，应用设置样式，修饰文本。

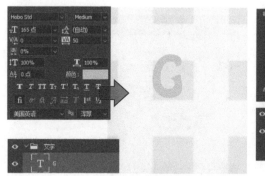
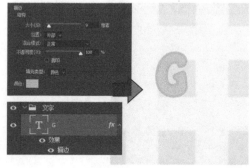

Step 15：选择工具箱中的"横排文字工具"，继续在页面中输入更多的文字，然后打开"字符"面板，在面板中分别对文字的字体、大小、颜色进行设置，将输入的文字移动到适当的位置，完成本案例的制作。

5.4 Android系统界面设计实训

前面我们对Android系统中的界面设计规范进行了讲解，并对其Widget框架的设计进行了单独的介绍。接下来我们通过两个具体的案例有针对性地讲解图标和界面的设计和制作技巧。

5.4.1 轻拟物化的图标设计

相机　　时钟　　日历

商店　　游戏中心　　视频

源文件：下载资源\05\源文件\轻拟物化的图标设计.psd

设计关键词：拟物化、层次感、Android系统

软件功能提要：圆角矩形工具、矩形工具、钢笔工具、椭圆工具、编辑图层蒙版、多种图层样式的应用

设计思维解析

Android系统的图标设计规范中的阴影和相关设计标准。

以拟物化设计为基调，模拟真实物品的外观进行创作。

应用图层样式为图形打造出层次清晰、外形逼真的图标效果。

设计要点展示

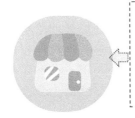

纯色色块：利用不同的颜色色块，通过堆积的方式绘制图标，打造拟物化的设计风格。

立体感：通过添加"投影"图层样式，让图标的层次丰富起来，呈现出立体的效果，其表现效果更加逼真。

制作步骤详解

Step 01：在Photoshop中创建一个新的文档，执行"图层>新建填充图层>纯色"菜单命令，打开"拾色器（纯色）"对话框，设置填充色R250、G250、B250，填充图像作为背景。

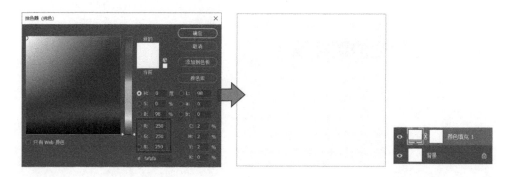

Step 02：选择"圆角矩形工具"，在该工具的选项栏中对图形的填充色、半径等进行设置，绘制出一个圆角矩形。接着打开"属性"面板，在面板中单击"链接"按钮，取消链接的半径值，将左下角和右下角半径值更改为90像素。在图像窗口中可以看到绘制的圆形呈现出自然的光泽效果。

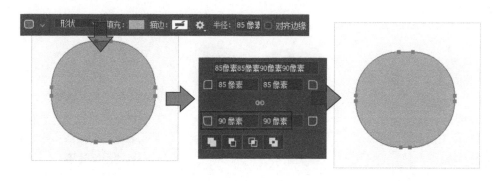

Step 03：双击形状图层，打开"图层样式"对话框。单击"投影"图层样式，在展开的选项卡中设置各选项，应用设置，修饰绘制的图形。

Step 04：选择"圆角矩形工具"，绘制出所需的图形，单击选项栏中的"路径操作"按钮。在展开的菜单中选择"合并形状"选项，继续绘制出另外两个图形。

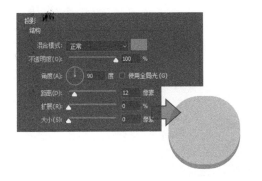

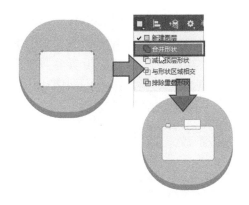

Step 05：选择工具箱中的"直接选择工具"，按下Shift键单击选中两个锚点，按下键盘中的方向键，移到所选锚点的位置，更改图形外观。

Step 06：继续使用相同的方法，选中另外几个锚点，调整锚点的位置，得到相机的形状。然后设置"投影"图层样式，在图像窗口中查看设置后的效果。

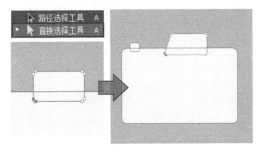

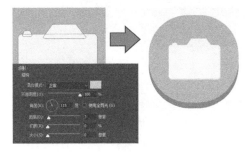

Step 07：选择"圆角矩形工具"，在相机中间绘制出所需的图形，为绘制图形填充适当的颜色后，使用"投影"图层样式修饰所绘制的图形。

Step 08：选择"椭圆工具"，在选项栏中设置填充色，绘制出一个圆形。接着设置"投影"图层样式，设置各选项修饰图形，在图像窗口可以看到编辑效果。

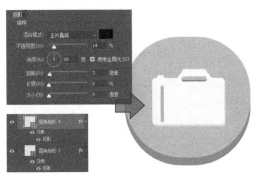

Step 09：使用"椭圆工具"再绘制一个圆形，接着双击形状图层，打开"图层样式"对话框，设置"投影"图层样式，设置各选项修饰图形。在图像窗口可以看到编辑效果。

Step 10：选择工具箱中的"矩形工具"，在圆形中间绘制一个矩形并填充为白色，按下Ctrl+J组合键，复制出两个矩形，调整复制矩形的大小和位置。

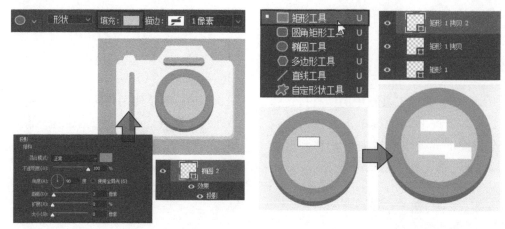

Step 11：选中"矩形1"图层，按下Ctrl+T组合键，打开自由变换编辑框，在选项栏中设置旋转角度为-45°，旋转图形。再应用相同的方法，为另外两个复制的矩形也设置相同的旋转角度，旋转图形。

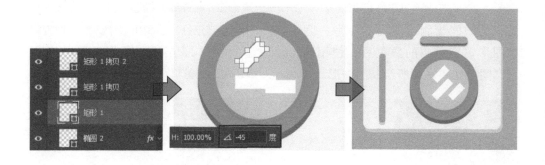

Step 12：选择工具箱中的"横排文字工具"，输入文字"相机"。接着打开"字符"面板，为输入文字设置适合的字体、大小等。

Step 13：选择"圆角矩形工具"，在选项栏中设置填充颜色，在画面中绘制所需的图形。接着设置"投影"图层样式，修饰图形。在图像窗口中可以看到编辑的效果。

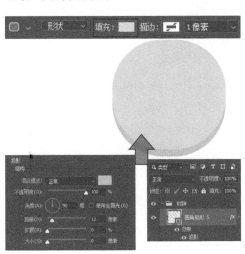

Step 14：选择"椭圆工具"，在选栏中设置填充颜色，绘制一个圆形。接着设置"投影"图层样式，修饰图形。在图像窗口中可以看到编辑的效果。

Step 15：选择"钢笔工具"，在选项栏中设置各选项，应用"钢笔工具"绘制出箭头形状，设置"投影"图层样式修饰图形。在图像窗口中可以看到编辑的效果。

Step 16：继续使用"钢笔工具"绘制出另外一个箭头形状，设置相同的"投影"图层样式修饰图形。在图像窗口中可以看到编辑的效果。

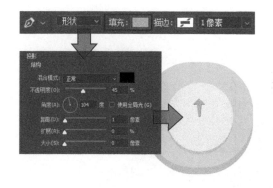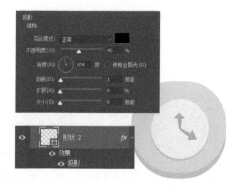

Step 17：选择"椭圆工具"，按下Shift键单击并拖动，在两个箭头中间位置绘制一个圆形。接着设置"投影"图层样式修饰图形。在图像窗口中可以看到编辑的效果。

Step 18：选择"横排文字工具"，在画面中输入所需的数字并将其移到相应的位置。打开"字符"面板，在面板中更改输入数字的字体、大小、颜色等属性。

Step 19：参考前面的绘制方法和技巧，绘制出商店、游戏中心和视频图标，具体的参数设置可以打开源文件进行参考。

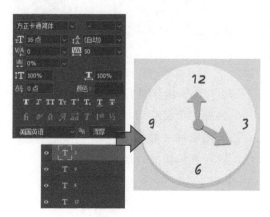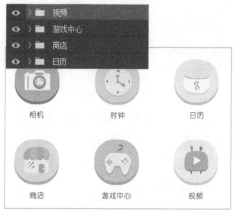

5.4.2 超强立体感的界面设计

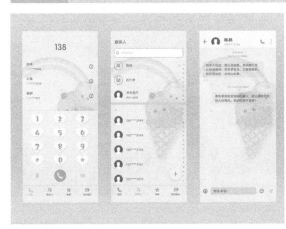

素材：下载资源\05\素材\06、07.png

源文件：下载资源\05\源文件\清新可爱的界面设计.psd

设计关键词：透明、卡通、Android系统

软件功能提要：矩形工具、钢笔工具、横排文字工具、图层样式的应用

设计思维解析

Android 系统开放式设计，支持清新可爱的设计风格。

观察风格特色，以卡通的冰淇淋、彩虹元素为基准，构思界面。

通过降低不透明度，与清新的背景色调搭配制作出清新可爱的界面。

设计要点展示

线性化图标：为让界面给人留下干净、整洁的印象，采用线性化的图标设计，并且通过颜色的变化模拟出其选中和未选中时的变化。

卡通风格的字体：根据要表现的风格，在界面中的设计上，使用了比较可爱的卡通字体，并通过字体的大小变化来让界面元素呈现出清晰的层级关系。

制作步骤详解

Step 01：在Photoshop中创建一个新的文档，创建"渐变填充"图层，在打开的"渐变填充"对话框中单击"渐变"右侧的渐变条，打开"渐变编辑器"对话框，在对话框中设置渐变颜色，应用设置的渐变颜色填充图像。

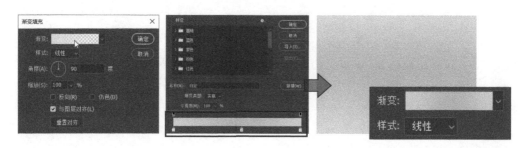

Step 02：选择"矩形工具"，在图像窗口中单击，打开"创建矩形"对话框，输入"宽度"为1080像素，"高度"为2376像素，单击"确定"按钮，创建矩形并填充上适当的颜色。

Step 03：执行"文件>置入嵌入对象"菜单命令，将06.jpg素材置入画面中，执行"图层>创建剪贴蒙版"菜单命令，创建剪贴蒙版，隐藏多余部分。

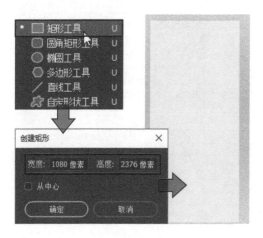

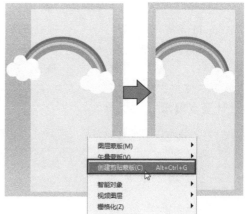

Step 04：在"图层"面板中选中
"06"智能对象图层，将图层的
"不透明度"设为15%，降低透明
度效果。

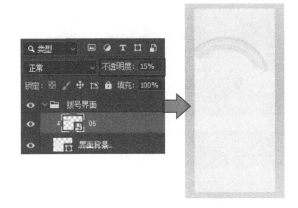

Step 05：使用相同的方法，置入07.png素材图像，并创建
剪贴蒙版，将多余部分隐藏后，双击"07"图层，打开"图
层样式"对话框。设置"投影"图层样式，为图像添加投
影，再将图层"填充"值设为25%，降低透明度效果。

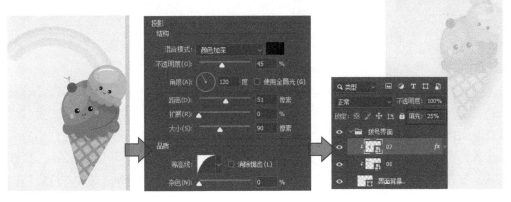

Step 06：选择"横排文字工具"，在
界面上方输入电话号码的前几位数字，
然后打开"字符"面板，在面板中对文
字的字体、大小等属性进行设置。

Step 07：使用"横排文字工具"继续
在界面中输入更多的文字，并根据需要
对输入文字的字体、大小进行调整，在
图像窗口中显示编辑后的效果。

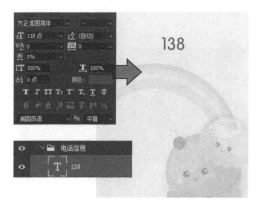
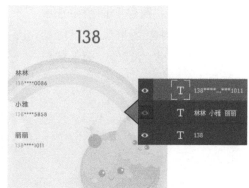

Step 08：选择"钢笔工具"，在文字右侧绘制所需的图标，为绘制图标填充适当的颜色，按下Ctrl+J组合键，复制两个图标，将复制的图标移到相应的位置。

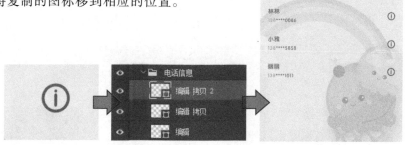

Step 09：选择"矩形工具"，在界面下方再绘制一个矩形，双击形状图层，打开"图层样式"对话框，设置"投影"图层样式，为矩形添加投影效果。

Step 10：选择"钢笔工具"，绘制一个心形的图形，双击形状图层，打开"图层样式"对话框，设置"投影"图层样式，为心形添加投影效果。

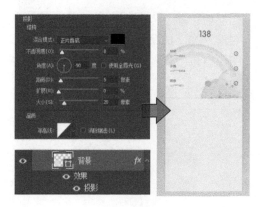
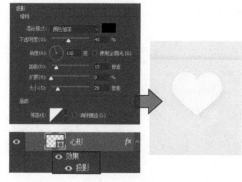

Step 11：按下Ctrl+J组合键，复制出多个心形图形，应用"移动工具"选中复制的心形，将这些心形分别移到相应的位置。在图像窗口中查看调整位置后的效果。

Step 12：选择"横排文字工具"，在心形上方输入相应的文本，打开"字符"面板，在面板中对文字的字体、大小、颜色等属性进行设置。

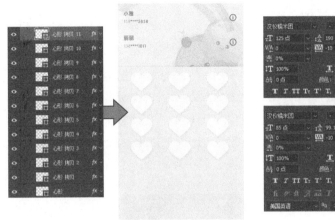
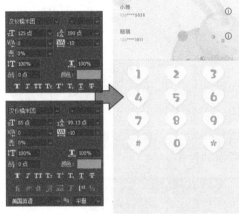

Step 13：选择"横排文字工具"，继续在已经输入的文字下方再输入另外一部分文字，打开"字符"面板，在面板中再对文字的字体、大小、颜色等属性进行设置。

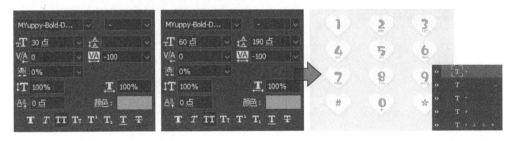

Step 14：选择"椭圆工具"，在选项栏中设置各选项，按下Shift键单击并拖动，绘制圆形，然后应用"钢笔工具"在圆形中间绘制出电话听筒的图形。

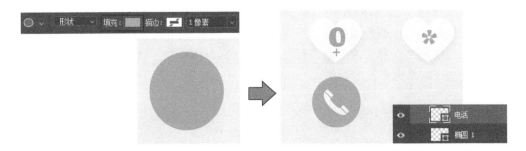

Step 15：结合"椭圆工具"和"钢笔工具"在电话图标两侧分别绘制出所需的图形，为绘制图形填充适当的颜色。

Step 16：选择"矩形工具"，在界面底部绘制一个矩形，双击矩形所在图层，打开"图层样式"对话框。在对话框中设置"投影"图层样式，为矩形添加投影。

Step 17：选择"钢笔工具"，在矩形上方绘制所需的图标，然后选择"横排文字工具"，在图标下方输入对应的文字，打开"字符"面板，调整文字字体、大小等属性。

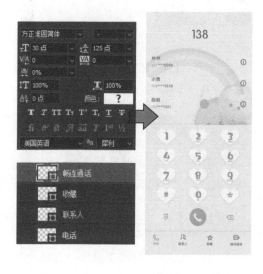

Step 18：对前面绘制的界面进行复制，然后根据要制作的界面内容对界面下方图标栏中的图标和文本颜色进行更改。下面进行联系人界面的制作。

Step 19：选择"矩形工具"，在背景中间位置绘制一个矩形，填充上适当的颜色，然后在"图层样式"对话框中设置"投影"图层样式，修饰图形添加上投影效果。

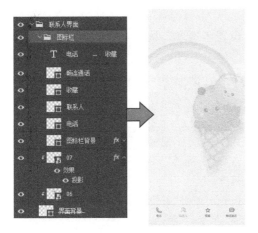

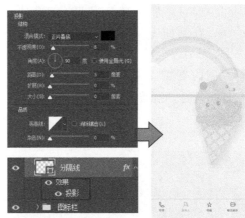

Step 20：选择"横排文字工具"，在界面顶端输入"联系人"字样，打开"字符"面板对文字的字体、大小、颜色等属性进行设置。

Step 21：选择"矩形工具"，在属性栏中设置填充、描边，以及半径等选项，然后在"联系人"字样下方绘制所需的图形，作为信息输入框。

Step 22：使用"钢笔工具"绘制出搜索图标，然后使用"横排文字工具"输入"搜索联系人"字样。打开"字符"面板对文字的属性进行设置，然后将"不透明度"设为50%。

Step 23：选择工具箱中的"直线工具"，在画面中绘制一条水平直线，按下Ctrl+J组合键，复制出多条直线，将复制的直线移到下方相应的位置，并将线条的"不透明度"设为8%。

Step 24：选择"椭圆工具"，在选项栏中设置各选项，按下Shift键单击并拖动，绘制圆形，然后选择"钢笔工具"，使用此工具在圆形中间绘制群组图标。

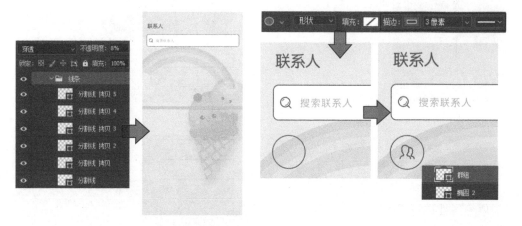

Step 25：复制两个圆形，将复制圆形移到相应的位置，并为最下方一个圆形设置适合的填充色，再使用"钢笔工具"在这两个圆形中间绘制名片和头像图标。选中"头像"，执行"图层>创建剪贴蒙版"菜单命令，创建剪贴蒙版，将圆形外的头像部分隐藏。

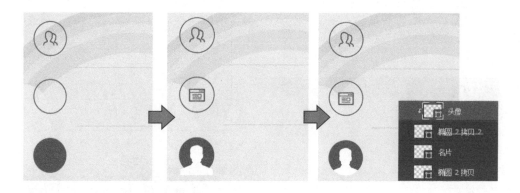

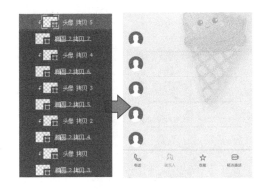

Step 26：选中复制的"椭圆2拷贝"和"头像"图层，按下Ctrl+J组合键，复制出多个圆形和头像图标，将复制的圆形和头像图标移到下方合适的位置上。

Step 27：选择"横排文字工具"，在界面中输入所需的文字，再在"字符"面板中对文字的属性进行设置，在图像窗口中查看设置后的效果。

Step 28：选择"椭圆工具"，在界面右下方再绘制一个圆形，双击圆形所在图层，打开"图层样式"对话框。在对话框中设置"投影"图层样式，修饰图形。

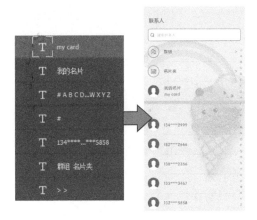

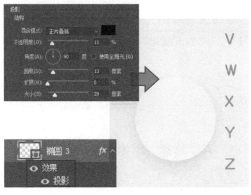

Step 29：选择"横排文字工具"，在圆形中间输入"+"字样，再打开"字符"面板，在面板中对文字属性进行设置，完成联系人界面的制作。

Step 30：对前面制作的界面背景进行复制，将复制的对象向右移到相应的位置，开始制作消息界面。

Step 31：创建"导航栏"图层组，选择"矩形工具"，在选项栏中设置各选项。在界面顶端绘制一个矩形，将矩形"不透明度"设为50%。

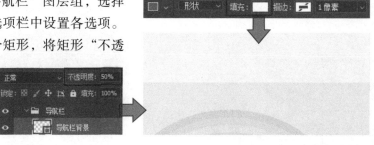

Step 32：选择"钢笔工具"，在绘制的导航栏背景上方绘制出更多、电话返回等图标，为绘制的图形填充上适当的颜色。

Step 33：使用"椭圆工具"在返回图标右侧绘制一个圆形，使用"钢笔工具"在圆形中间绘制头像。执行"图层>创建剪贴蒙版"菜单命令，创建剪贴蒙版。

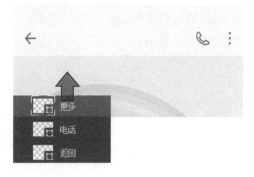

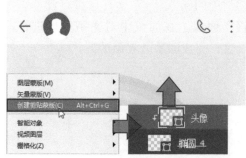

Step 34：使用"横排文字工具"输入所需的文字。打开"字符"面板对文字的属性进行设置，再在"图层"面板中将电话号码文本图层的"不透明度"设为50%。

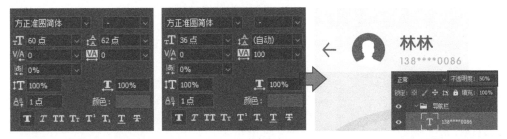

Step 35：选择"圆形矩形工具"，在选项栏中设置各选项，在界面中绘制图形。在"图层"面板中将图形所在图层的"不透明度"设为15%，降低透明度效果。

Step 36：按下Ctrl+J组合键，复制图形，选择"移动工具"，将复制的图形向下移到适当的位置上，然后根据界面内容调整图形的高度。

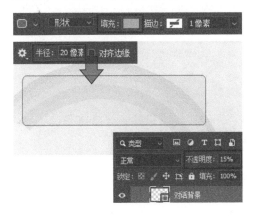

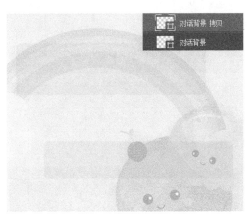

Step 37：选择"横排文字工具"，输入"短信/彩信"字样，再打开"字符"面板，在面板中对文字的字体、大小等属性进行设置。打开"图层"面板，将文本图层的"不透明度"设为50%。

Step 38：使用"横排文字工具"
继续输入更多的文本，根据需要调
整输入文本的字体、大小等。在图
像窗口中查看设置后的界面效果。

Step 39：选择"圆角矩形工具"，在选
项栏中设置选项，在界面下方绘制所需图
形，将图形的"不透明度"设为50%，然
后使用"横排文字工具"在图形中输入所
需的文字。

Step 40：选择"钢笔工具"，在信息框
两侧绘制所需要的图标，然后选中"发
送"图标所在的图层，将"不透明度"设
为50%。

Part 6
孕妈帮手App设计

素　材：下载资源\06\素材\01、02.jpg

源文件：下载资源\06\源文件\孕妈帮手App设计.psd

6.1 界面布局规划

　　对于孕期中的准妈妈（下文称为"孕妈"）而言，每一天都存在着新鲜感。随着时间的流逝，孕妈的每一周都发生着变化，究竟孕妈的每一天需要做些什么呢？她们希望可以查看每一天的注意事项、行动指南、孕妈身体、宝宝的变化等。本案例是针对孕妈所设计的App程序，根据孕妈怀孕期间所涉及的饮食、注意事项、胎动等内容来设计软件的界面，及时指导孕妈的生活、饮食。为了达到良好的交互式体验，首先我们来对界面的基础布局进行规划，具体如下。

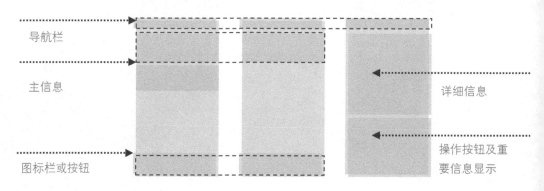

　　上图所示为本案例中界面的几个基本布局样式，案例中的每个界面都会依照这几个样式来做细微修改和编辑。通过观察可以发现，布局基本遵循了垂直对称的方式来安排界面中的元素，这样的设计能够很好地平衡界面中元素的功能，给用户视觉上的稳重感。

6.2 创意思路剖析

　　从界面的布局中，我们确定该应用程序的界面主要以矩形为基础元素，在创作中通过矩形对界面进行分割和布局。对界面进行详细规划之后，根据软件的功能、使用人群和操作方式，除了一些常规的对象，我们将界面中很多独有的元素设计为圆形，其具体的创作思路和设计效果如下。

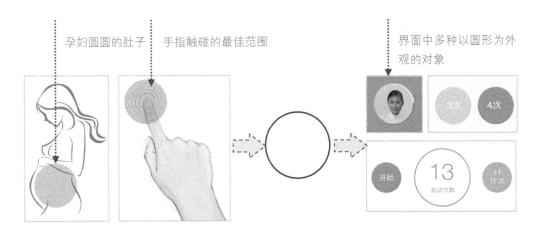

孕妇圆圆的肚子　　手指触碰的最佳范围

界面中多种以圆形为外观的对象

6.3 确定配色方案

　　由于本例是为孕妈设计的应用程序，因此从多张孕期的图片、宝宝服装、用品获得灵感，我们将玫红色作为配色的主要线索。通过细微变化，得到玫瑰粉这种颜色，它温和的意象，娇艳、柔和的感觉，给人温情、可爱的印象，与孕期准妈妈的形象相互吻合，容易获得女性的好感。本案例具体的配色方案如下。

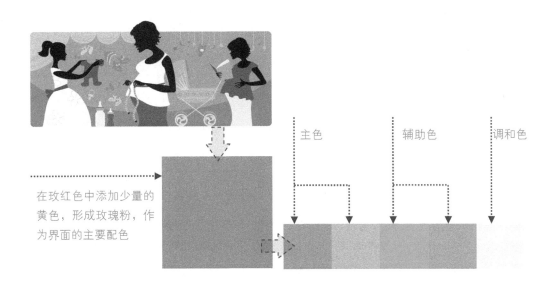

主色　　　　辅助色　　　调和色

在玫红色中添加少量的黄色，形成玫瑰粉，作为界面的主要配色

6.4 定义组件风格

本案例是以扁平化风格进行创作的，不论是界面中的导航栏、按钮，还是图标栏的设计都没有添加任何的特效，如下图所示。这样的设计效果，使得界面干净整齐，使用起来格外简洁，可以更加简单直接地将信息和事物的工作方式展示出来，减少认知障碍。柔和的色彩也能拉近与用户之间的距离，产生亲近、温和的情感。

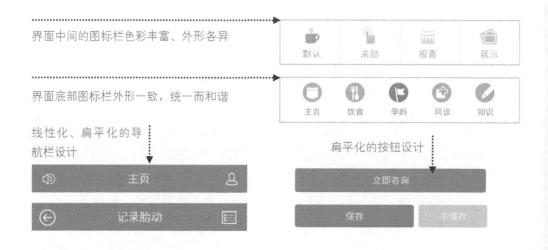

界面中间的图标栏色彩丰富、外形各异

界面底部图标栏外形一致，统一而和谐

线性化、扁平化的导航栏设计

扁平化的按钮设计

6.5 制作步骤详解

首先对界面进行布局，再添加文字、图标、按钮等基础元素来完善界面内容，案例中一共包含了六个不同内容的界面，其具体的制作方法如下。

1. 程序主页界面

Step 01：在Photoshop中创建一个新的文档，选择工具箱中的"矩形工具"，绘制出不同大小的矩形，分别填充上所需的不同颜色，对主页界面进行布局。

Step 02：先绘制一个圆形，接着使用"钢笔工具"绘制盾牌的形状，再对形状进行相减，使用"矩形工具"在盾牌形状上进行绘制，参考这样的方式绘制出图标。

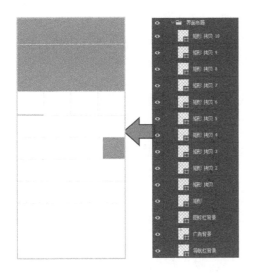

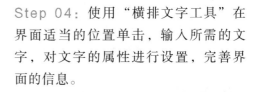

Step 03：使用工具箱中的形状工具，参考Step 02中的绘制方法，绘制出界面上所需的其他图标，在图像窗口中可以看到绘制的结果。

Step 04：使用"横排文字工具"在界面适当的位置单击，输入所需的文字，对文字的属性进行设置，完善界面的信息。

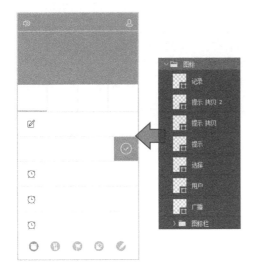

Step 05：将01.jpg素材添加到图像窗口中，适当调整其大小。接着使用"椭圆选框工具"创建正圆形的选区，为图层添加上图层蒙版，对图像的显示进行控制。在图像窗口中可以看到编辑的效果。

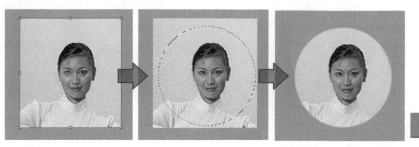

Step 06：为"人像"图层添加上"描边"图层样式，在相应的选项卡中设置参数，为其添加上渐变色的描边。在图像窗口中可以看到编辑的效果。

Step 07：在人像的右侧添加上所需的文字，完善客户的信息。打开"字符"面板对文字的字体、颜色、字号、字间距等属性进行设置。

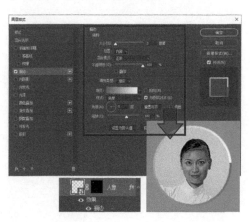

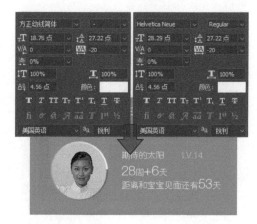

2. 孕妈帮手界面

Step 01：使用"矩形工具"再次绘制出多个不同大小的矩形，分别设置相应的填充色、无描边色，对界面进行布局，开始孕妈帮手界面的制作。

Step 02：使用"钢笔工具"和其他的形状工具绘制出界面中所需的图标，分别填充上适当的色彩，放在界面合适的位置。在图像窗口中可以看到编辑的效果。

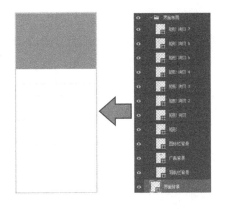
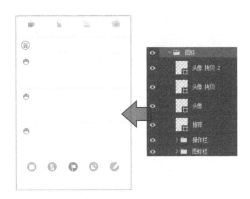

Step 03：将02.jpg素材添加到图像窗口中，适当调整其大小，接着使用"矩形选框工具"在图像的上方创建矩形的选区，以选区为标准为图层添加上图层蒙版，对图像的显示进行控制。在图像窗口中可以看到编辑的效果。

Step 04：在"图层"面板中将"婴儿"智能对象图层的"不透明度"设置为80%，使其呈现出半透明的效果，柔化图像中的色彩。

Step 05：以"婴儿"图层的蒙版为标准，创建颜色填充图层，设置所需的填充色，并设置"图层"面板中图层的混合模式为"柔光"。

Step 06：使用工具箱中的"横排文字工具"，在界面上适当的位置单击，输入所需的文字，参考前面的字体对文字进行设置。在图像窗口中可以看到添加文字后的效果。

Step 07：使用"矩形工具"绘制出矩形，再使用"横排文字工具"输入所需的文字，对界面上的广告区域内容进行完善。在图像窗口中可以看到编辑后的效果。

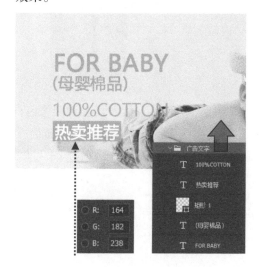

3．医师详情界面

Step 01：选择工具箱中的"矩形工具"，绘制出界面所需的矩形，适当调整矩形的大小、位置和颜色，对界面进行基础布局，开始医师详情界面的制作。

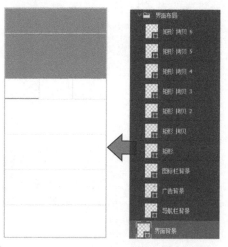

Step 02：使用"横排文字工具"在界面上适当的位置单击，输入当前界面所需的文字信息，完善界面内容。在图像窗口中可以看到编辑的效果。

Step 03：对前面绘制的图标进行复制，将其放置在当前的界面中，适当调整图标的位置，使用图层组对图层进行管理和分类。在图像窗口中可以看到编辑的效果。

Step 04：选择工具箱中的"圆角矩形工具"，在其选项栏中进行设置，绘制出按钮的形状，再添加上所需的文字。打开"字符"面板对文字的属性进行设置。

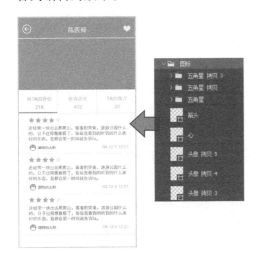

Step 05：复制所需的图标，在界面中输入所需的医师的信息，将其放在界面的右上角位置。在图像窗口中可以看到编辑的效果。

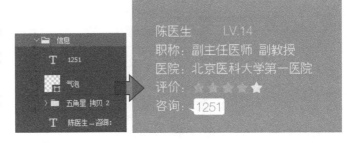

Step 06：将所需的人像素材添加到图像窗口中，参考前面对人像素材的编辑方法，使用图层蒙版控制其显示。接着使用"外发光"和"描边"图层样式对图层进行修饰，并在相应的选项卡中设置参数。在图像窗口中可以看到编辑的效果。

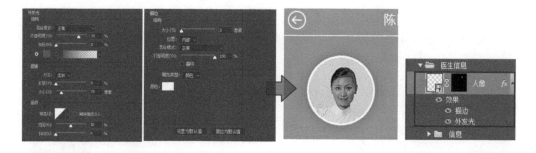

4. 每日用餐热量界面

Step 01：使用"矩形工具"绘制出所需的矩形，适当调整矩形的大小、颜色和形状。按照所需的位置进行排列，对界面进行布局，开始每日用餐热量界面的制作。

Step 02：使用"横排文字工具"在界面上适当的位置单击，输入所需的文字。打开"字符"面板对文字的属性进行设置，并使用图层组对文字图层进行管理。

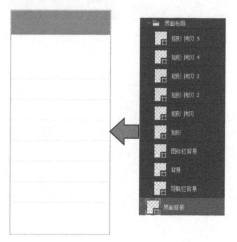

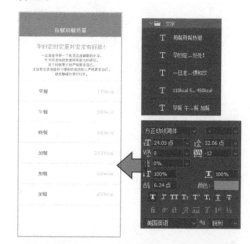

Step 03：参考前面绘制按钮的方法。使用"圆角矩形工具"绘制出界面所需的两个按钮，分别为按钮添加上所需的文字，放在界面的底部位置。

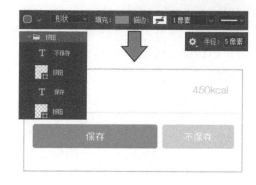

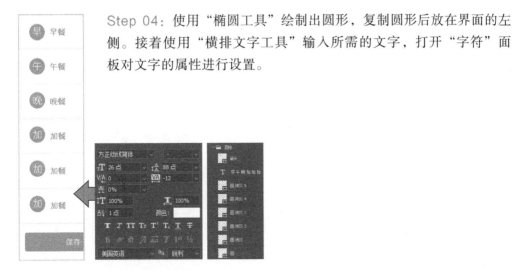

Step 04：使用"椭圆工具"绘制出圆形，复制圆形后放在界面的左侧。接着使用"横排文字工具"输入所需的文字，打开"字符"面板对文字的属性进行设置。

5. 食物热量估算界面

Step 01：使用"矩形工具"绘制出两个矩形。一个为界面的背景，一个为导航栏的背景，并分别对其设置不同的填充色，对界面进行大致布局。

Step 02：选择工具箱中的"横排文字工具"，输入界面所需的文字，参考前面的文字字体对文字进行设置。在图像窗口中可以看到编辑的结果。

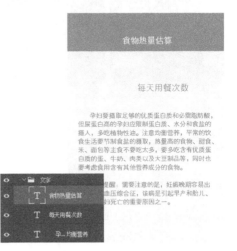

Step 03：选择工具箱中的"椭圆工具"，绘制出所需的圆形，分别填充上适当的颜色。按照相等的距离排列，放在界面的底部位置。

Step 04：对前面绘制的箭头进行复制，放在界面导航栏的左侧。接着使用"钢笔工具"绘制出所需的用餐图标，填充上适当的颜色。

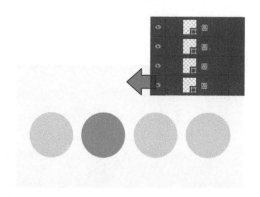

Step 05：选择工具箱中的"横排文字工具"，输入所需的文字。打开"字符"面板，对文字的字体、字号、字间距等进行设置，分别使用两种字体来对数字和汉字进行应用，把文字放在圆形的上方。在图像窗口中可以看到编辑的效果。

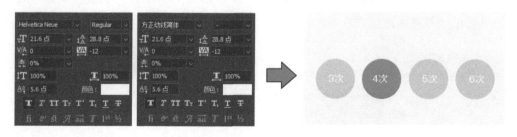

6. 记录胎动界面

Step 01：使用"矩形工具"绘制出所需的矩形，分别填充上适当的颜色。接着调整矩形的位置，对界面进行布局，开始记录胎动界面的制作。

Step 02：选择工具箱中的"横排文字工具"输入所需的文字，参考前面文字的设置参数对文字的属性进行调整，完善界面的信息。在图像窗口中可以看到编辑的效果。

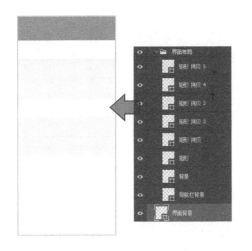 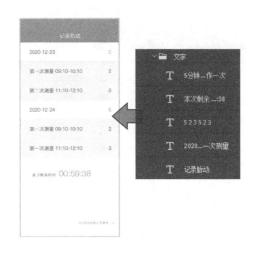

Step 03：复制前面绘制的箭头图标。接着绘制出列表图标，填充上白色，放在导航栏的右侧。在图像窗口中可以看到添加图标后的效果。

Step 04：使用"椭圆工具"绘制三个圆形，分别填充上不同的颜色，并对中间的圆形应用"描边"图层样式，在相应的选项卡中设置参数。

 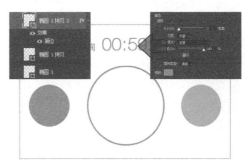

Step 05：使用"横排文字工具"在圆形的上方位置添加上所需的文字，参考前面对文字属性的设置，调整文字的外观，并对界面中的对象进行细微调整，完成记录胎动界面的制作。在图像窗口中可以看到本案例最终的编辑效果。

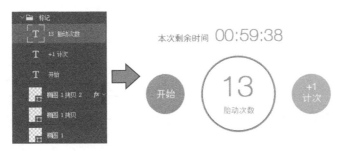

Part 7
美食网站App设计

 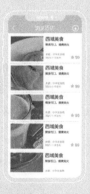 

素材：下载资源\07\素材\01、02、03.jpg

源文件：下载资源\07\源文件\美食网站App设计.psd

7.1 界面布局规划

美味的食物，贵的有山珍海味，便宜的有街边小吃，每个人心目中的美食标准都是不一样的，其实美食是不分贵贱的，只要是自己喜欢的，就可以称之为美食。鉴于美食的多样性和不定性，因此我们在设计应用程序的时候，也使用了较为多样化的界面布局来对信息进行表现，接下来我们就对案例中的界面布局进行分析，具体如下。

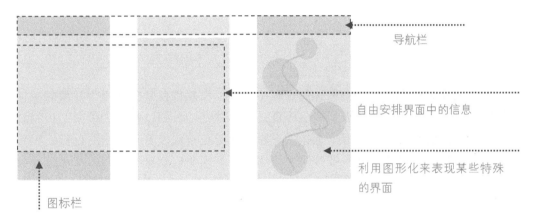

导航栏

自由安排界面中的信息

利用图形化来表现某些特殊的界面

图标栏

从上图所示的界面布局中可以看到，在该应用程序中使用了导航栏和图标栏对程序进行指引，界面中的元素都使用了较为规范的矩形。部分较为特殊的界面则使用了图形化的表现形式来展现某些信息，由此来突显出界面布局的灵活性，让应用程序中的信息表现更加丰富。

7.2 创意思路剖析

在本案例的设计中，最大的亮点就是"浏览成就"界面中的设计，因为其他界面的设计都属于较为规范、中规中矩的，没有什么特殊的样式和特点。而在"浏览成就"界面中，使用了数据可视化的方式来进行直观表现，通过图标、线条和文字的自由表现来传递界面中的信息，给人眼前一亮的感觉。从用户的角度，数据可视化可以让用户快速抓住要点信息，其具体的设计思路如下。

信息视图化可以拉近界面与用户之间的距离，形象直观，便于理解，也可以节省时间，提高沟通的效率。

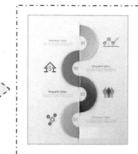

选择适合信息表现的视图化素材来作为界面创作的参考和蓝本。

7.3 确定配色方案

我们在观察众多的美食图片的过程中，可以发现橙色是出现较为频繁的一种色彩，再对橙色进行进一步了解。橙色是较为鲜艳夺目的，常给人带来亲切和温暖的感觉，也是秋季的色彩，意味着丰收，同时也是代表美味食物的色彩，容易激发人们的食欲，表现出积极欢快的情绪。接下来我们就对本案例的配色进行分析，具体如下。

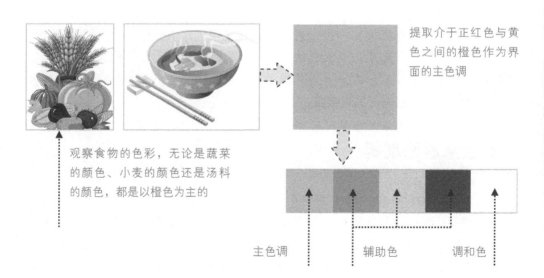

提取介于正红色与黄色之间的橙色作为界面的主色调

观察食物的色彩，无论是蔬菜的颜色、小麦的颜色还是汤料的颜色，都是以橙色为主的

主色调　　　　辅助色　　　　调和色

7.4 定义组件风格

　　本案例在设计的过程中，使用了扁平化的设计理念，既适合在Android系统使用，也适合在iOS系统中使用。在文字和图标的设计上，也都使用了较为圆润的图形外观来进行创作，显得温和而自然。通过暖色系橙色的搭配，让界面元素显得欢快、愉悦，容易被用户接受。接下来我们就对界面元素的风格进行分析，具体如下。

7.5 制作步骤详解

　　本案例的制作主要使用了形状工具对界面进行布局，通过图层蒙版来对美食图像的显示进行控制，再利用文字工具添加所需的信息，其具体的制作步骤如下。

1. 程序欢迎界面

Step 01：在Photoshop中创建一个新的文档，使用"矩形工具"绘制矩形，为其填充上适当的颜色，无描边色，将其作为界面的背景。

Step 02：使用"钢笔工具"绘制所需的面包的形状。接着选择"减去顶层形状"选项，使用"钢笔工具"完善图标的制作。在图像窗口中可以看到绘制的效果。

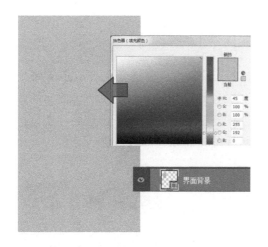

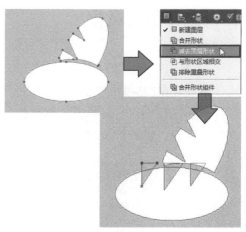

Step 03： 参考Step 02的绘制方法，使用形状工具绘制出其他的美食图标，为其填充上白色，无描边色，将其以相同的距离放在界面上。

Step 04： 选择工具箱中的"横排文字工具"，输入所需的文字。打开"字符"面板对文字的属性进行设置，将文字放在界面的中间位置。

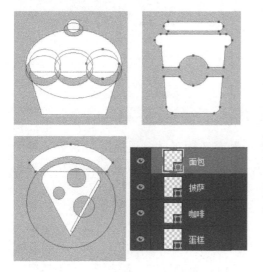

Step 05： 使用"圆角矩形工具"绘制出一个白色的圆角矩形作为按钮。接着使用"横排文字工具"输入"马上进入"的字样，打开"字符"面板对文字的属性进行设置。最后利用"钢笔工具"绘制出手势的形状，将按钮放在界面的下方位置。

2. 主页界面

Step 01：使用"矩形工具"绘制出界面的背景和导航栏的背景。接着使用"横排文字工具"添加上所需的文字，再绘制出放大镜的形状，开始主页界面的制作。

Step 02：将01.jpg、02.jpg素材添加到图像窗口中，适当调整其大小。使用图层蒙版对图像的显示进行控制，将图像放在界面合适的位置，完成界面大致的布局。

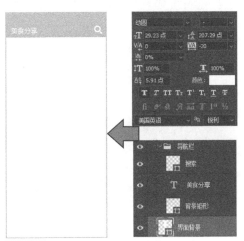

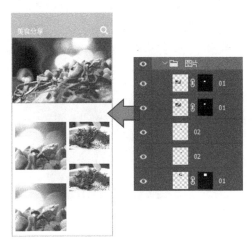

Step 03：使用"钢笔工具"绘制出所需的五角星、心形和火焰的形状，填充上适当的颜色，无描边色，将绘制的形状放在界面适当的位置。

Step 04：选择工具箱中的"矩形工具"，在其选项栏中进行设置。接着在图像上绘制出一个黑色的矩形，在"图层"面板中设置"不透明度"为50%。

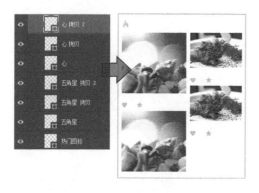

Step 05：选择工具箱中的"矩形工具"，绘制三个矩形，分别填充上适当的颜色，无描边色，使用相同的距离对其位置进行安排。在图像窗口中可以看到编辑的效果。

Step 06：选择工具箱中的"横排文字工具"在界面适当的位置单击，输入所需的文字。打开"字符"面板对文字的属性进行设置。在图像窗口中可以看到添加文字的效果。

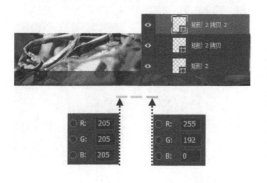

Step 07：使用"横排文字工具"添加界面所需的其他文字，参考Step 06中的字体对文字进行设置，适当调整文字的大小，将各组文字放在适当的位置。

Step 08：使用"矩形工具"绘制出界面底部图标栏的背景。接着使用"横排文字工具"添加上所需的文字，再在"字符"面板中对文字的属性进行设置。

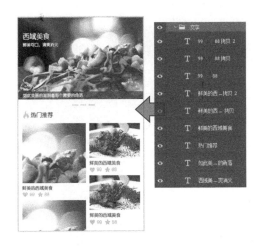

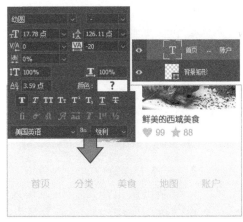

Step 09：选中工具箱中的"圆角矩形工具"，在其选项栏中进行设置，绘制出六个圆角矩形，组合成分类图标的形状，将绘制的图标放在界面适当的位置。

Step 10：参考前面的绘制方法和颜色设置，绘制出界面底部图标栏中所需的其他的图标，将图标放在合适的文字上方。

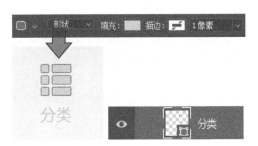

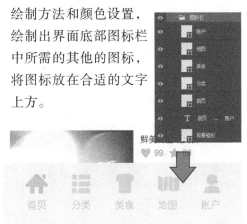

3. 美食分类界面

Step 01：对前面绘制的界面背景进行复制，再使用"圆角矩形工具"绘制出标签栏中所需的形状，填充上适当的颜色，开始美食分类界面的绘制。

Step 02：选择工具箱中的"横排文字工具"，在适当的位置单击，输入所需的文字，将文字放在标签栏上。打开"字符"面板设置文字的属性，再添加上所需的图标。

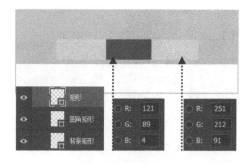 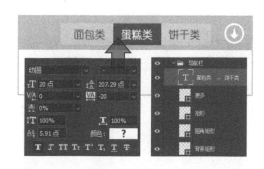

Step 03：选择工具箱中的"圆角矩形工具"，绘制出圆角矩形，作为输入框。使用"描边"图层样式对其进行修饰，再在"图层"面板中设置"填充"为0%。

Step 04：使用"钢笔工具"绘制出放大镜的形状。接着利用"横排文字工具"添加上"点击搜索"的字样。打开"字符"面板对文字的属性进行设置。

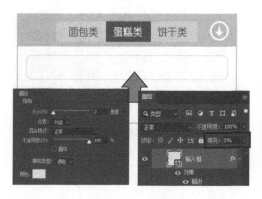 

Step 05：将03.jpg素材添加到图像窗口中，适当调整图像的大小和位置，使用"矩形选框工具"创建矩形的选区。接着单击"图层"面板底部的"添加图层蒙版"按钮，使用图层蒙版对图像的显示进行控制。在图像窗口中可以看到编辑的效果。

 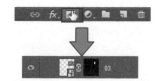

Step 06：参考Step 05的编辑方式，对素材03.jpg的大小进行适当调整，使用图层蒙版对图像的显示进行控制，对界面进行合理的布局。

Step 07：将图像添加到选区中，为选区创建色阶调整图层，在打开的面板中设置RGB选项下的色阶值为1、1.47、219，对图像的影调进行调整。

Step 08：对前面绘制的图标进行复制，放在界面适当的位置，使用"横排文字工具"为界面添加上所需的文字。

Step 09：对前面绘制的图标栏进行复制，对图标的颜色和文字的颜色进行调整，将图标栏放在界面的底部位置。

4. 美食详情界面

Step 01：对前面绘制的界面背景、导航栏背景和图像进行复制，更改界面导航栏中的文字内容，开始美食详情界面的制作。在图像窗口中可以看到编辑的效果。

提示：在设计应用程序界面的过程中，很多时候界面的背景、标题栏、图标栏等基础元素在整个程序中都是保持高度一致的。为了提高工作的效率，在绘制多个界面时，可以对重复的元素进行复制。

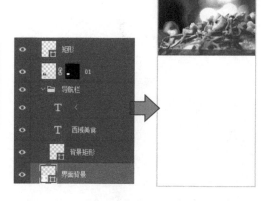

Step 02： 选择工具箱中的"横排文字工具"，输入所需的文字。打开"字符"面板对文字的属性进行设置，调整文字的大小和位置。在图像窗口中可以看到编辑的效果。

Step 03： 使用"矩形工具"绘制出与界面背景相同大小的矩形。设置其填充色为黑色，无描边色。在"图层"面板中设置"不透明度"为50%。

Step 04： 选择"矩形工具"绘制出一个白色的矩形，无描边色，将其放在界面的底部，作为菜单的背景。在图像窗口中可以看到编辑的效果。

Step 05： 选择"圆角矩形工具"绘制出按钮的形状，设置"填充"为0%。再使用"描边"图层样式对绘制的形状进行修饰，并在相应的选项卡中设置参数。

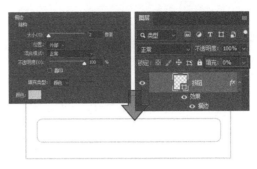

Step 06：选择"横排文字工具"输入按钮上所需的"确认"字样。打开"字符"面板对文字的属性进行设置，将文字放在圆角矩形的上方。

Step 07：使用"圆角矩形工具"绘制出所需的形状，分别为其填充上适当的颜色，按照相同的距离进行排列。

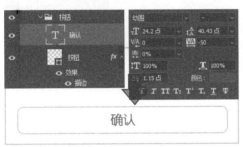

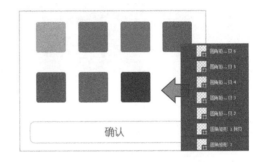

Step 08：使用"钢笔工具""椭圆工具""矩形工具"等形状工具绘制出所需的形状，将其放在圆角矩形上方，设置其填充色为白色，无描边色。

Step 09：选择工具箱中的"横排文字工具"在适当的位置单击，输入所需的文字。打开"字符"面板对文字的属性进行设置。在图像窗口中可以看到编辑的效果。

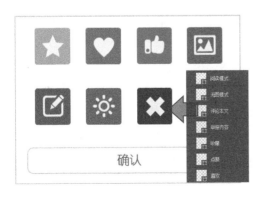

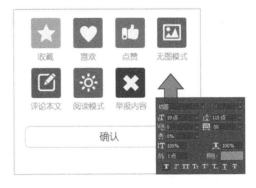

5. 浏览历史界面

Step 01：对前面绘制的界面背景、导航栏背景、图标等进行复制，开始浏览历史界面的制作。更改导航栏中文字的内容。在图像窗口中可以看到编辑的效果。

Step 02：将03.jpg素材添加到图像窗口中。接着使用"矩形选框工具"创建矩形选区，使用图层蒙版对图像的显示进行控制。在图像窗口中可以看到编辑的效果。

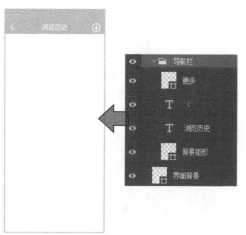

Step 03：选择工具箱中的"横排文字工具"，在适当的位置上单击，输入所需的文字。打开"字符"面板分别对输入的文字进行字体、字号、颜色和字间距的设置。在图像窗口中可以看到添加文字的效果。

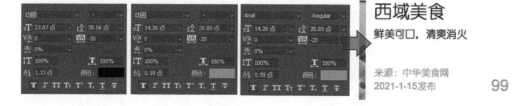

Step 04：对添加的文字进行复制，将文字放在图像的后侧，按照所需的位置进行排列，使用图层组对文字图层进行管理。在图像窗口中可以看到编辑的效果。

Step 05：对前面绘制的五角星形状进行复制，将其放在界面适当的位置，再绘制出所需的矩形条，对界面中的信息进行分割，完成当前界面的制作。

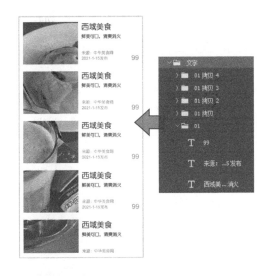

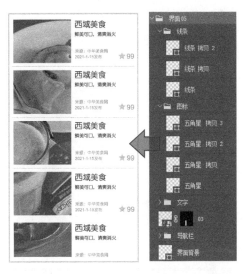

6. 浏览成就界面

Step 01：对前面绘制的界面背景、导航栏背景、图标等进行复制，开始浏览成就界面的制作，更改导航栏中文字的内容。在图像窗口中可以看到编辑的效果。

Step 02：选择工具箱中的"钢笔工具"，在其选项栏中进行设置，绘制出曲线形状的虚线，放在界面适当的位置。在图像窗口中可以看到编辑的效果。

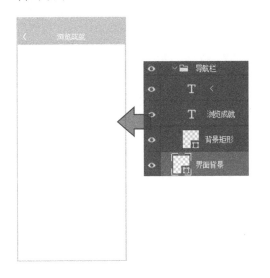

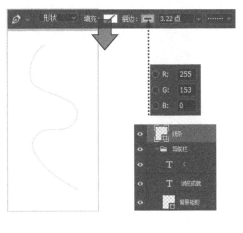

Step 03：选择工具箱中的"横排文字工具"，输入所需的文字。打开"字符"面板对文字的属性进行设置，完成标题文字的编辑。

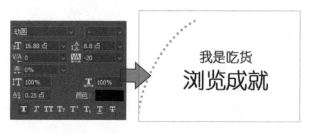

Step 04：继续使用"横排文字工具"添加上所需的文字。打开"字符"面板对文字的属性进行设置，将文字放在界面适当的位置。在图像窗口中可以看到编辑的效果。

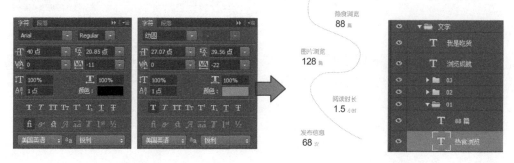

Step 05：选择工具箱中的"椭圆工具"，绘制出所需的圆形，填充上适当的颜色。接着对绘制的圆形进行复制，放在界面适当的位置上。

Step 06：使用"椭圆工具"、"圆角矩形工具"和"钢笔工具"绘制出闹钟的形状，将绘制的形状合并在一起，把绘制的形状放在圆形上方。

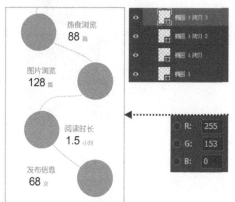

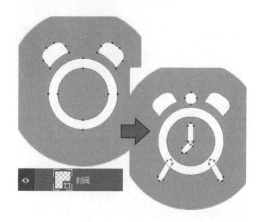

Step 07：参考Step 06的绘制方法，绘制出界面上所需的其他图标，将绘制的图标放在圆形上方。在图像窗口中可以看到绘制的效果。

Step 08：将03.jpg素材添加到图像窗口中，适当调整其大小。使用"椭圆选框工具"创建选区，以选区为标准添加图层蒙版，控制图像的显示。

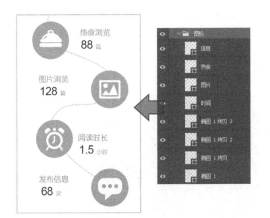

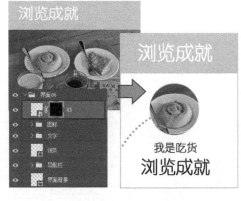

Part 8

篮球运动App设计

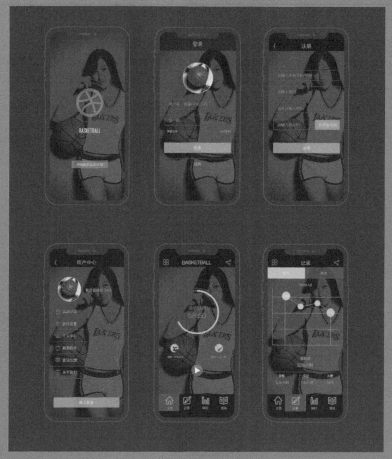

素材：下载资源\08\素材\01.jpg

源文件：下载资源\08\源文件\篮球运动应用设计.psd

8.1 界面布局规划

篮球运动是以投篮、上篮和扣篮为中心的对抗性体育运动。本案例是以篮球运动为主题的应用程序，它包含了运动计时、热量消耗、运动统计等多种与篮球运动相关的信息展示，让用户了解与篮球相关的信息，帮助用户更加健康合理地进行运动和锻炼。在设计案例之前，我们先来对界面的布局进行大致规划，其具体如下。

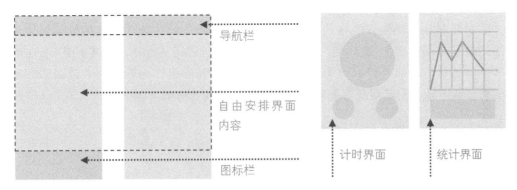

在上图所示的界面布局中，我们将为应用程序设计六个不同的界面，包括应用程序欢迎界面、登录界面、注册界面、用户中心界面、运动信息展示界面和统计界面，利用直观、醒目的图表和系统的布局来表达程序中的信息和数据。

8.2 创意思路剖析

由于本案例的界面信息中包含了多种数据，为了清晰地传递出这些信息，让用户直观地感受到这些数据的变化，我们在设计界面的过程中，使用了图形化的方式来进行表现。接下来我们就对本案例的创意思路进行分析，具体如下。

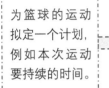
为篮球的运动拟定一个计划，例如本次运动要持续的时间。

使用进度条来让时间以比例显示的方式进行表现。

用进度条表现运动时间，实时掌握运动计划的变化过程。

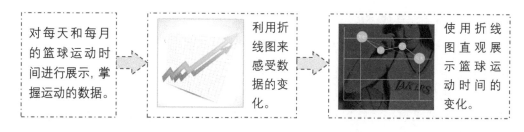

8.3 确定配色方案

篮球场地是热爱打篮球的运动员们必去的场所。篮球场地以使用材料划分为丙烯酸篮球场、硅PU篮球场、水性硅PU篮球场、PVC篮球场、聚氨酯PU篮球场等。有的篮球场地是以绿色为主的，因此我们选择绿色作为界面的主色调来进行创作。接下来我们就对本案例的配色进行分析，其具体的内容如下。

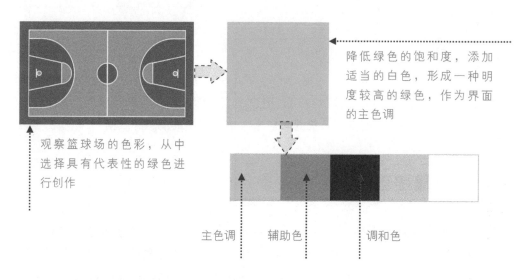

8.4 定义组件风格

为了体现出一定的设计感和纵深感，在设计本案例的过程中，使用了暗色调的图像作为界面背景，通过高亮的绿色来突显界面中重要的信息。此外，为了体现出简约、直观的视觉效果，在设计时使用了扁平化的设计理念，通过线性化的图标、无特效的文字和控件表现界面中的元素，其具体的设计效果如下。

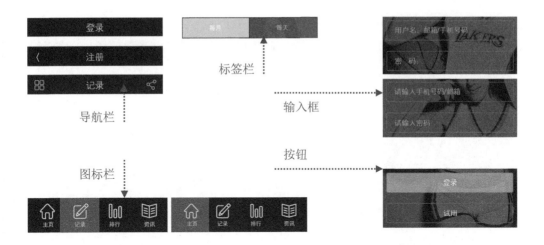

8.5 制作步骤详解

本案例一共包含了六个界面，界面中通过调整图层的不透明度来产生视觉上的轻重感，同时使用形状工具绘制基础形状并以堆叠的方式完成制作，其具体的制作方法如下。

1. 应用程序欢迎界面

Step 01：在Photoshop中创建一个新的文档，使用"矩形工具"绘制矩形，将其作为界面的背景。将01.jpg素材添加到图像窗口中，适当调整其大小，通过创建剪贴蒙版对图像的显示进行控制，并设置01智能对象图层的"不透明度"为20%。

Step 02：选择工具箱中的"椭圆工具"，绘制出圆环的形状。接着使用"钢笔工具"绘制出所需的形状，将绘制的形状合并在一起，制作出篮球的图标。填充上适当的颜色，无描边色，在"图层"面板中设置图层的"不透明度"为50%。

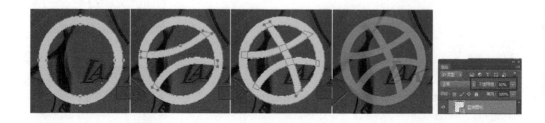

Step 03：选择工具箱中的"椭圆工具"，在其选项栏中进行设置。绘制出所需的圆形形状，使用"描边"图层样式对圆形进行修饰，并在相应的选项卡中设置参数。在"图层"面板中设置图层的"不透明度"为60%。

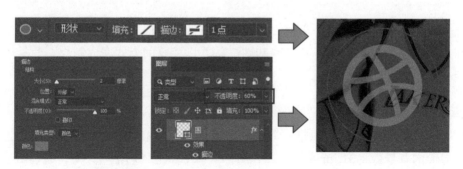

Step 04：对前面绘制的圆形进行复制，适当调整圆形的大小。在"图层"面板中对图层的"不透明度"进行调整，制作出渐隐的效果。

Step 05：选择工具箱中的"横排文字工具"输入所需的文字。打开"字符"面板，对文字的属性进行设置，将文字放到适当的位置上。在图像窗口中可以看到编辑的效果。

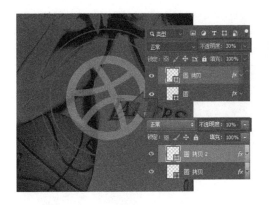

Step 06：选择工具箱中的"圆角矩形工具"绘制出按钮的形状，填充上适当的颜色，设置"不透明度"为50%。使用"横排文字工具"添加上所需的文字，打开"字符"面板设置文字属性。

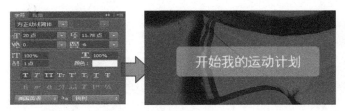

2. 登录界面

Step 01：对前面绘制的界面背景进行复制，开始登录界面的绘制。接着绘制黑色的矩形，再添加适当的文字，作为导航栏的内容。在图像窗口可以看到编辑的效果。

Step 02：选择工具箱中的"圆角矩形工具"，在其选项栏中进行设置。绘制出所需的形状，在"图层"面板中设置图层的"不透明度"为50%。

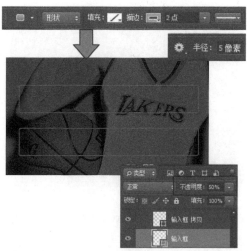

Step 03：使用"横排文字工具"在适当的位置单击，输入所需的文字。打开"字符"面板对文字的属性进行设置，调整文字的"不透明度"为50%。

Step 04：选择工具箱中的"圆角矩形工具"，在选项栏中进行设置。绘制出按钮的形状，在"图层"面板中设置"不透明度"为70%。

Step 05：使用"圆角矩形工具"，在选项栏中进行设置。绘制出另外一个按钮的形状，在"图层"面板中设置"不透明度"为50%。

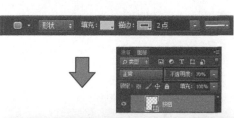

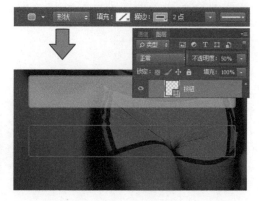

Step 06：选择工具箱中的"横排文字工具"，在按钮上单击，输入所需的文字。打开"字符"面板对文字的字体、字号等属性进行设置。在图像窗口中可以看到编辑的效果。

Step 07：将下载资源\08\素材\01.jpg素材添加到图像窗口中，适当调整其大小，使用"椭圆选框工具"创建选区，使用图层蒙版对图像的显示进行控制。

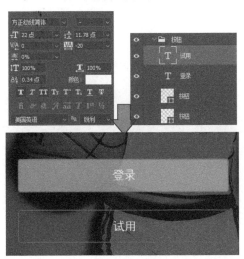

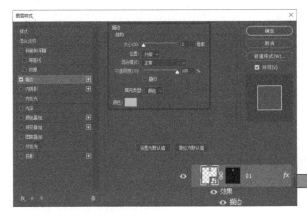

Step 08：使用"描边"图层样式对图像进行修饰，在相应的选项卡中对各个参数进行设置。在图像窗口中可以看到编辑的效果。

3. 注册界面

Step 01：对前面绘制的界面背景、导航栏背景进行复制，然后开始注册界面的制作，对导航栏中的文字进行更改。在图像窗口中可以看到编辑的效果。

Step 02：选择工具箱中的"圆角矩形工具"，在选项栏中对参数进行设置。接着绘制出所需的形状，在"图层"面板中设置"不透明度"为50%。

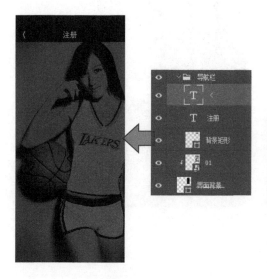

Step 03：选择工具箱中的"横排文字工具"，输入所需的文字，将文字放到适当的位置上。打开"字符"面板对文字的属性进行设置。在图像窗口中可以看到编辑的效果。

Step 04：参考前面的绘制方法，制作出所需的按钮，调整按钮的形状，在按钮上添加所需的文字。在图像窗口中可以看到编辑的效果。

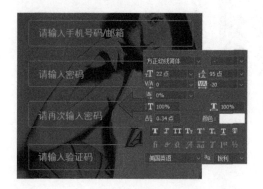

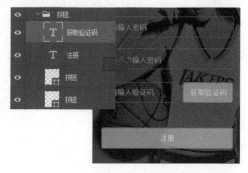

4. 用户中心界面

Step 01：对前面绘制的界面背景、导航栏等对象进行复制，然后开始用户中心界面的制作。调整导航栏中的文字，将编辑好的图像复制并移动到界面左上角的位置上。

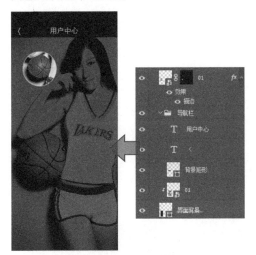

Step 02：选中工具箱中的"横排文字工具"，在界面上适当的位置单击，输入所需的用户名称和等级。打开"字符"面板对文字的属性进行设置。

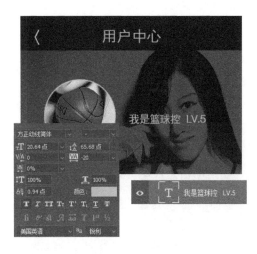

Step 03：继续使用"横排文字工具"添加所需的文字。打开"字符"面板分别对文字的字体、字号和颜色等进行调整，完善界面的信息。

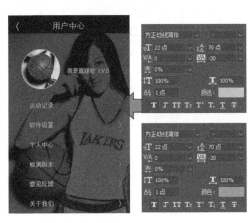

Step 04：选择工具箱中的"矩形工具"，在其选项栏中进行设置。接着绘制出所需的线条，在"图层"面板中设置图层的"不透明度"为30%。

Step 05：使用"钢笔工具"绘制出界面所需的图标，将绘制的图标放到文字左侧的位置上。使用"圆角矩形工具"在下方绘制出所需图形，应用"横排文字工具"输入文字。

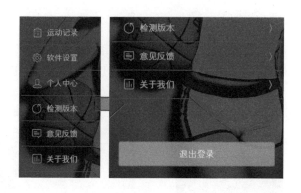

5. 运动信息展示界面

Step 01：对前面编辑的界面背景、导航栏进行复制，对导航栏中的文字进行更改，再绘制出所需的图标，然后开始运动信息展示界面的制作。

Step 02：选择工具箱中的"矩形工具"，绘制出图标栏的背景。接着绘制另外一个矩形，填充上蓝绿色，设置"不透明度"为50%。

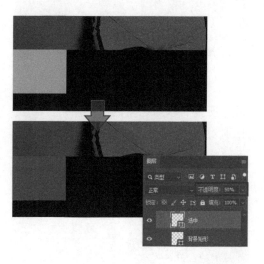

Step 03：绘制出所需的图标，放在图标栏的矩形上，使用"横排文字工具"输入所需的文字。打开"字符"面板对文字的属性进行设置。

Step 04：使用"椭圆工具"绘制出一个圆环，使用"渐变叠加"图层样式对圆环进行修饰，在相应的选项卡中设置参数。在图像窗口中可以看到编辑的效果。

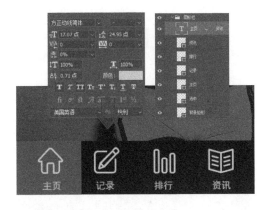

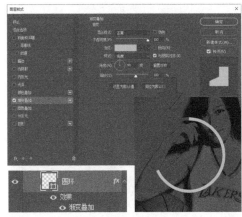

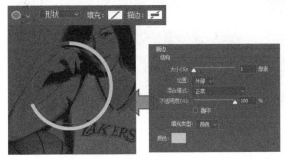

Step 05：使用"椭圆工具"在选项栏中进行设置。接着绘制一个圆形，使用"描边"图层样式进行修饰，把圆形放在圆环的中间。

Step 06：对绘制的圆形进行复制，按下Ctrl+T组合键，对复制后的圆形进行大小调整，将其放在圆环的外侧。在图像窗口中可以看到编辑的效果。

Step 07：使用"横排文字工具"输入所需的文本，打开"字符"面板对文字的字体、颜色和字号等进行设置。在图像窗口中可以看到编辑的效果。

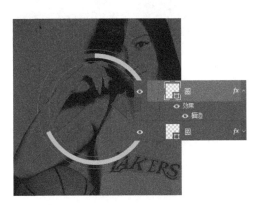

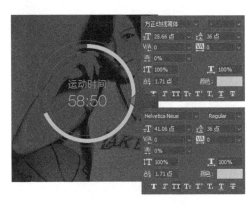

Step 08：绘制所需图标，填充上适当的颜色。接着使用"横排文字工具"，输入所需的文字，打开"字符"面板对文字的属性进行设置。

Step 09：选中工具箱中的"椭圆工具"，绘制一个圆形，设置图层的"不透明度"为50%。使用"钢笔工具"绘制三角形，制作出开始按钮。

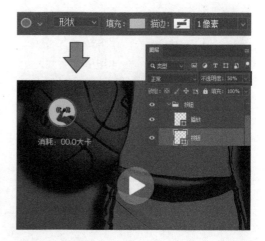

6. 统计界面

Step 01：对前面编辑的界面背景、导航栏进行复制。接着对导航栏中的文字进行更改，再绘制出所需的图标，开始统计界面的制作。在图像窗口中可以看到编辑的效果。

Step 02：对前面绘制的图标栏进行复制并添加到统计界面中。接着对图标栏中的蓝绿色矩形进行位置调整。在图像窗口中可以看到编辑的效果。

Step 03：选择工具箱中的"矩形工具"，在选项栏中进行设置。接着绘制出白色的矩形条，在"图层"面板中设置"不透明度"为70%。

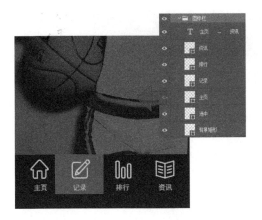

Step 04：选择工具箱中的"钢笔工具"，在选项栏中进行设置，绘制出所需的折线和虚线，放在Step 03绘制的矩形线条上。在图像窗口中可以看到绘制的效果。

Step 05：选择工具箱中的"椭圆工具"，绘制出所需的圆形，调整圆形的大小，放在折线中适当的位置上，设置所需的填充色，无描边色。

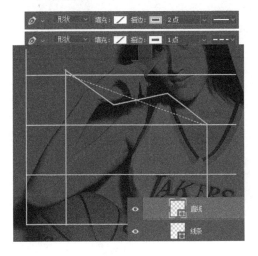

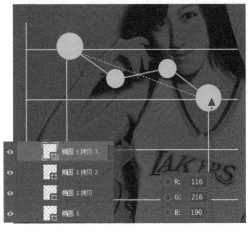

Step 06：选中工具箱中的"横排文字工具"，在圆形上添加所需的数字和文字。打开"字符"面板对文字的属性进行设置。在图像窗口中可以看到添加文字的效果。

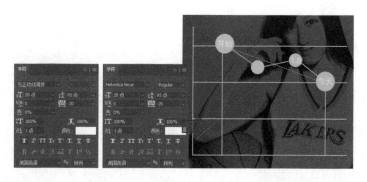

Step 07：继续使用"横排文字工具"输入所需的文字。打开"字符"面板对文字的属性进行设置。在图像窗口中可以看到添加文字的效果。

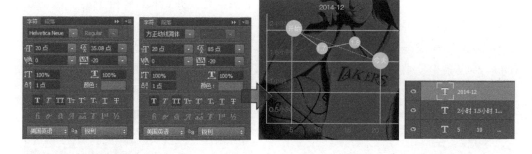

Step 08：使用"横排文字工具"在图表的下方添加所需的统计数据。打开"字符"面板对文字的字体、字号和颜色进行设置。

Step 09：选中工具箱中的"矩形工具"，绘制出所需的矩形，填充上适当的颜色，无描边色。将绘制的矩形放在界面的左侧，作为标签栏的背景。

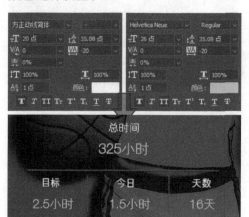

Step 10：对Step 09中绘制的矩形进行复制，放在界面中适当的位置上。在"图层"面板中设置图层的"不透明度"为30%，完成标签栏背景的制作。

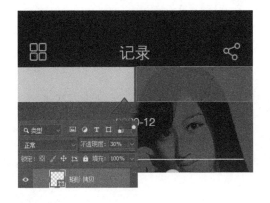

Step 11：选择工具箱中的"横排文字工具"，在标签栏的背景上添加上所需的文字。接着打开"字符"面板对文字的属性进行设置，完成本案例的制作。

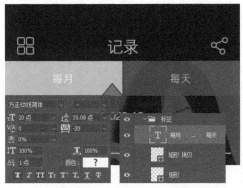

Part 09

流量银行App设计

源文件：下载资源\09\源文件\流量银行应用程序设计.psd

9.1 界面布局规划

　　银行应用程序基本上就是指银行的手机客户端,大部分称之为手机银行,也有极个别其他的银行应用。本案例中的应用程序的主要功能与以货币为主的银行应用程序相似,会记录一些支出、收入等账单信息,帮助用户掌握流量数据的使用等。根据界面中的功能,我们先来对界面的布局进行规划,其具体的内容如下。

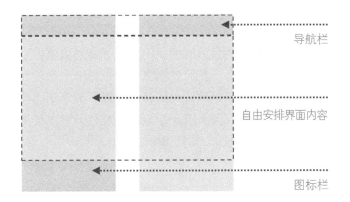

导航栏

自由安排界面内容

图标栏

　　从图中我们可以看到该应用程序的布局,基本是以iOS系统常用的布局进行设定的。使用导航栏和图标栏来对页面进行选择,在界面的中间位置可以自由地安排所需要的信息。

9.2 创意思路剖析

　　在设计本案例的过程中,要考虑一些特殊的信息表现。例如如何将多种软件功能展示在一个界面中?如何把账单、交易信息等完整、系统地显示出来?在进行设计和制作之前,我们先对这些信息进行分析,再根据生活中的常识,以及观察到的类似信息的表现形式来进行创作,其具体的思路如下。

程序中包含了多种功能,为了让这些功能清晰的在一个界面中进行展示,需要考虑主页的设计。

参考手机系统界面的设计方式,将功能以图标的形式表现。

使用九宫格的方式将功能图标排列在一个界面中。

9.3 确定配色方案

本案例中的应用程序是以移动数据流量为销售内容的，因此为了突显出销售渠道的公平、公正等特点。在进行创作和设计之前，我们观察到很多银行卡的颜色大多是以绿色为主的。而绿色是自然界中最常见的颜色，象征和平、青春与繁荣，代表着生机与希望，与该应用程序的思想与理念一致。因此在最终的配色方案中使用了明度适中、纯度较高的草绿色作为界面的主色调，其具体内容如下。

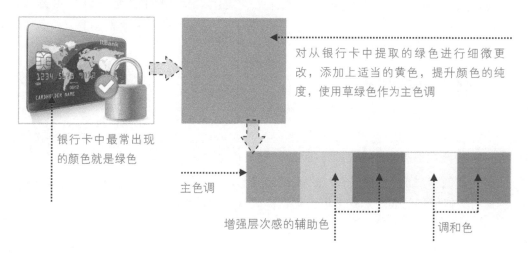

9.4 定义组件风格

在本案例的设计中，以扁平化的设计理念为主。利用线条感极强的风格来对界面中的图标、标签栏、单选按钮等进行创作，制作出大气、简约、直观的界面效果。接下来我们就对界面中的控件进行分析，具体如下。

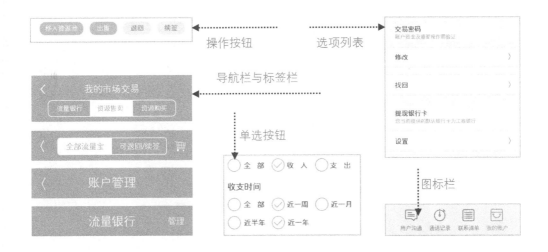

操作按钮　　　选项列表

导航栏与标签栏

单选按钮

图标栏

9.5 制作步骤详解

　　本应用程序包含了六个界面，由于应用的是扁平化的设计风格，因此界面中的元素是由不同的形状和文字组成的。接下来我们就对具体的制作步骤进行详细讲解。

1. 应用程序主界面

Step 01：在Photoshop中创建一个新的文档，使用"矩形工具"绘制矩形，分别为其填充上适当的颜色，进行适当布局，制作出界面的背景。

Step 02：选择工具箱中的"横排文字工具"，在界面顶部的矩形上单击，输入所需的文字。打开"字符"面板对文字的属性进行设置，完成导航栏的制作。

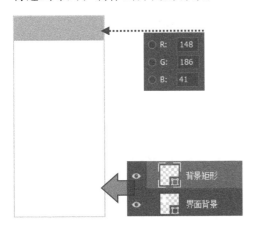

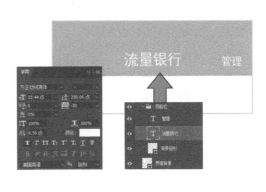

Step 03：选择工具箱中的"矩形工具"，绘制出界面底部图标栏的背景，填充上颜色，再使用多种形状工具绘制出所需的图标。

Step 04：使用"横排文字工具"输入界面底部图标栏所需的文字，打开"字符"面板对文字的属性进行设置。在图像窗口中可以看到图标栏制作的效果。

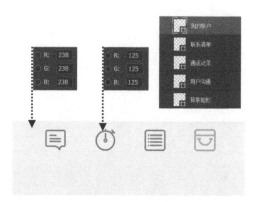

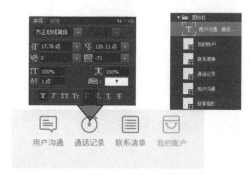

Step 05：选择工具箱中的"矩形工具"，绘制出矩形条，填充上颜色。接着对绘制的矩形条进行复制，调整其位置和间距，对界面中间进行分割。在图像窗口中可以看到编辑的效果。

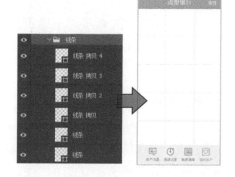

Step 06：选择工具箱中的"横排文字工具"，在适当的位置单击，输入界面所需的文字，打开"字符"面板对文字的属性进行设置。在图像窗口中可以看到编辑的效果。

Step 07：使用工具箱中多种形状工具，绘制出界面所需的多个图标，分别填充上适当的颜色。在图像窗口中可以看到编辑的效果。

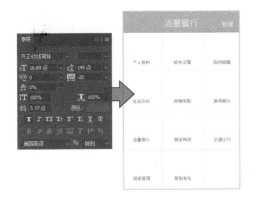

2. 我的账户界面

Step 01：对前面绘制的界面背景、导航栏和图标栏进行复制，调整导航栏中的文字内容，开始"我的账户"界面的制作。在图像窗口中可以看到编辑的效果。

Step 02：选择工具箱中的"矩形工具"，绘制出所需的矩形和线条，分别填充上颜色，放在界面适当的位置，对界面进行布局。

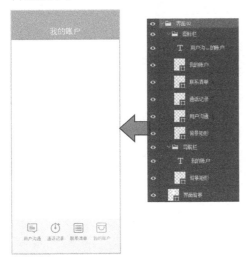

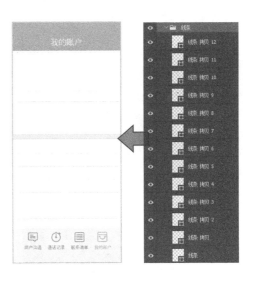

Step 03：选择工具箱中的"圆角矩形工具"，绘制出所需的形状。接着使用"横排文字工具"，在圆角矩形上添加上所需的数字，打开"字符"面板对数字的字体进行设置。

Step 04：继续使用"横排文字工具"，在适当的位置单击，输入所需的文字，调整文字的大小、位置，完善界面中的信息。在图像窗口中可以看到当前界面制作完成的效果。

> 提示：在为界面添加相同字体的文字信息时，可以直接对文字图层进行复制。通过更改文字的大小、内容来直接进行编辑，省去设置文字字体的操作，提升界面制作的效率。

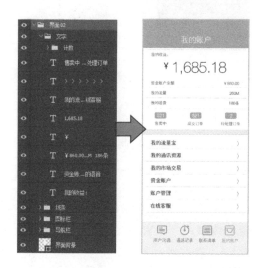

3.账单明细界面

Step 01：对前面绘制的界面背景、导航栏进行复制。接着使用"圆角矩形工具"绘制形状，利用"描边"图层样式进行修饰。

Step 02：选择工具箱中的"圆角矩形工具"绘制另外一个圆角矩形。接着选择"矩形工具"中的"减去顶层形状"选项，调整绘制的白色圆角矩形的形状。

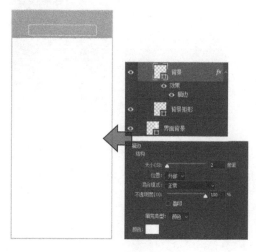

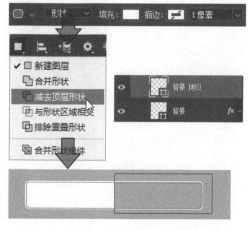

Step 03：选择工具箱中的"横排文字工具"输入所需的文字。打开"字符"面板对文字的属性进行设置。在图像窗口中可以看到编辑的效果。

Step 04：选择工具箱中的"钢笔工具"和"椭圆工具"绘制出所需的购物车形状，将其放到界面右上角的位置上，完成导航栏的制作。

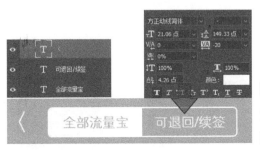

Step 05：选择工具箱中的"矩形工具"，绘制出所需的矩形和线条，分别填充上颜色，放到界面适当的位置上，对界面进行布局。

Step 06：使用"横排文字工具"，在适当的位置单击，输入所需的文字，调整文字的大小、位置，完善界面中的信息。在图像窗口中可以看到添加文字的效果。

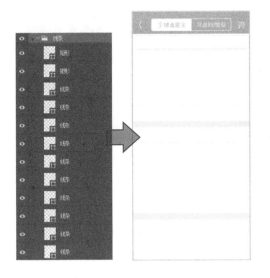

Step 07：选择工具箱中的"圆角矩形工具"，绘制出所需的按钮。接着使用"横排文字工具"在圆角矩形上添加所需的文字，完成按钮的制作。

Step 08：对Step 07中绘制的按钮进行复制，调整复制后按钮的位置，放在界面中另外一组菜单的下方。在图像窗口中可以看到添加按钮后的效果。

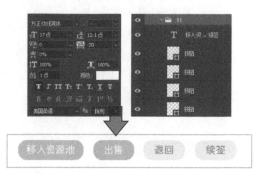

Step 09：使用"圆角矩形工具"和"椭圆工具"绘制出界面所需的时间图标，填充上颜色，无描边色。在图像窗口中可以看到编辑完成的效果。

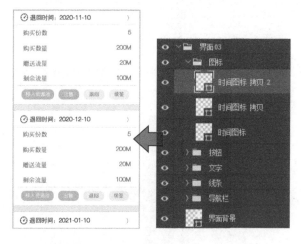

提示：按住Shift键的同时，单击并拖曳图层中的对象，可以让图像或图形以水平或垂直方向进行直线移动，避免角度的偏差。

4. 市场交易界面

Step 01：对前面绘制完成的界面背景、导航栏进行复制，适当进行修饰，参考前面的制作方式，绘制出另外一组标签。

Step 02：选择工具箱中的"矩形工具"，绘制出所需的矩形和线条，分别填充上颜色，放在界面适当的位置，对界面进行布局。

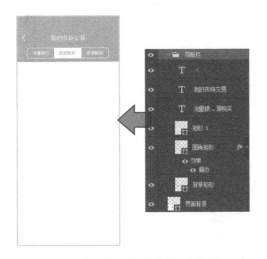

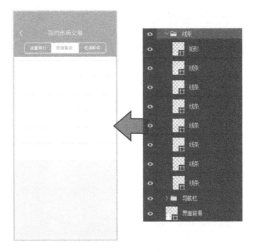

Step 03：选择工具箱中的"横排文字工具"，在适当的位置单击，输入所需的文字，打开"字符"面板对文字的属性进行设置。在图像窗口中可以看到添加文字的效果。

Step 04：继续使用"横排文字工具"添加所需的文字，调整文字的颜色、字体、字号等信息，将文字放在界面适当的位置。在图像窗口中可以看到编辑的效果。

Step 05：使用"横排文字工具"添加界面所需的数据信息，参考前面的文字的字体设置，完成信息的外观设计。在图像窗口中可以看到本界面的效果。

> **提示**：图层组能够对"图层"面板中的图层进行合理归类和管理。对图层组命名的过程中，可以通过标注图层性质、内容等方式来直观掌握图层中的内容，避免因图层太多而不能很快选中所需图层的问题。

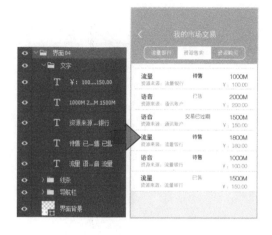

5. 收支明细界面

Step 01：对前面绘制的界面背景、导航栏等进行复制，调整导航栏中的文字内容。接着使用"矩形工具"绘制线条，对界面进行布局。

Step 02：使用"横排文字工具"输入文字信息。打开"字符"面板分别对文字的字体、字号、字间距等属性进行设置。

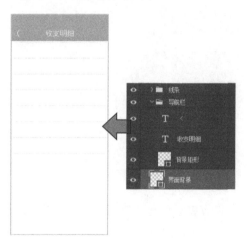

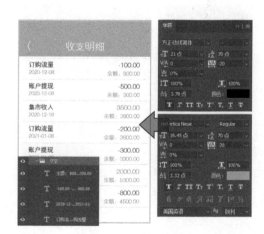

Step 03：选中工具箱中的"矩形工具"绘制两个矩形，分别填充上黑色和白色，设置黑色矩形的"不透明度"为30%，对界面进行遮盖。

Step 04：选中工具箱中的"横排文字工具"在白色的矩形上单击，输入所需文字。打开"字符"面板对文字的属性进行设置。

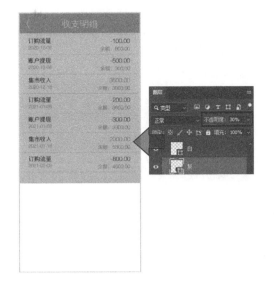

Step 05：选中工具箱中的"椭圆工具"，绘制出单选框的形状，使用"描边"图层样式对其进行修饰。接着绘制出勾选的形状，放在适当的位置，完成当前界面的制作。

6. 账户管理界面

Step 01：对前面绘制的界面背景、导航栏等进行复制，调整导航栏中的文字内容。接着使用"矩形工具"绘制线条，对界面进行布局。

Step 02：选择工具箱中的"矩形工具"绘制出白色的矩形，使用"内发光"图层样式对绘制的形状进行修饰，制作出界面中菜单栏的背景。

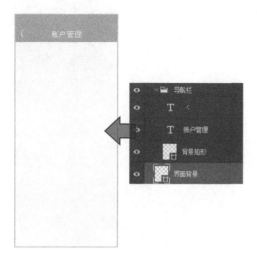

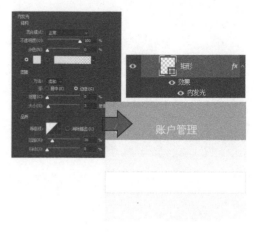

Step 03：对Step 02中绘制的矩形进行复制，得到相应的拷贝图层。按住Shift键的同时调整矩形的位置，垂直移动矩形的位置。在图像窗口中可以看到编辑的效果。

Step 04：选择工具箱中的"横排文字工具"，输入文字。打开"字符"面板对文字的属性进行复制，调整文字的位置，完善界面的内容。

Step 05：使用"横排文字工具"输入界面所需的一组较小的字体。打开"字符"面板对文字的属性进行设置。在图像窗口中可以看到最终的编辑效果。

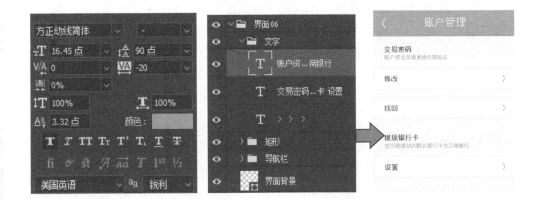

Part 10

藏宝游戏App设计

素材：下载资源\10\素材\01.jpg

源文件：下载资源\10\源文件\藏宝游戏App设计.psd

10.1 界面布局规划

本案例是以藏宝为主题的应用程序，在该游戏中会以自由藏宝、选择地图、挖掘宝藏为主要内容，因此在设计的时候需要对这些特殊的界面内容进行安排。由于游戏的界面具有很强的自由性，因此在界面布局上也是开放式的，没有过多的约束。接下来我们就对该应用程序中几个较为重要的界面进行布局规划。

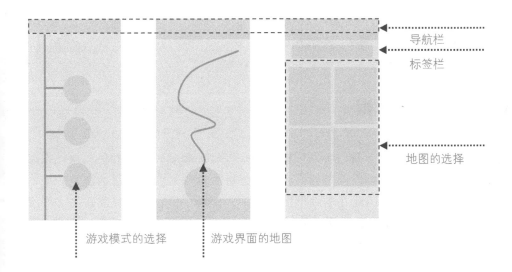

导航栏

标签栏

地图的选择

游戏模式的选择   游戏界面的地图

从上图中的界面布局可以看出，本案例的界面设计自由度较高，主要依靠导航栏来对界面内容进行返回和前进，由此控制界面中的内容。而游戏的界面会根据用户的不同操作而发生相应的变化。

10.2 创意思路剖析

为了让游戏的内容表现出一定的设计感和风格，同时避免多余的信息干扰。在进行创作的过程中，使用了视图化和模拟真实道路的方式来进行设计。画面设计包含丰富的色彩和可爱的卡通，提升用户游戏的兴趣，其具体内容如下。

直观的表现出游戏界面中的信息，摆脱以往单一的文字内容，不再冷冰冰。

在游戏模式的选择界面中设计了时间轴，并通过道路的形状来设计藏宝路线。

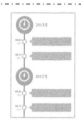 

以时间轴和道路作为界面设计的蓝本进行创作。

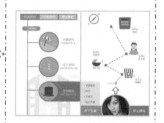

10.3 确定配色方案

纵观多种游戏界面，我们会发现橙色是一种出现频率较高的颜色，而仔细品味橙色，你会发现它是暖色调中的代表，能够给人带来光明、温暖的视觉效果，能够激发人们的兴趣。因此在本案例的配色中，使用了橙色这种纯度较高、明度较高的颜色作为主色调，鲜艳的颜色让整个游戏界面显得热情而活泼。接下来我们就对本案例的配色进行分析。

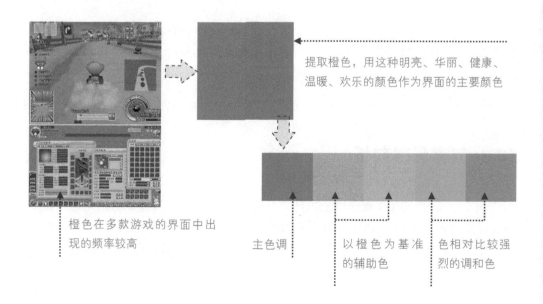

提取橙色，用这种明亮、华丽、健康、温暖、欢乐的颜色作为界面的主要颜色

橙色在多款游戏的界面中出现的频率较高

主色调

以橙色为基准的辅助色

色相对比较强烈的调和色

10.4 定义组件风格

　　在移动设计的界面中，较少的修饰会让界面干净整齐。为了突出游戏的特点，本案例使用扁平化的设计将简单的信息表现出来，减少认知障碍。案例中的扁平化是很多色彩的组合，多彩的颜色让界面表现更丰富。下面我们对游戏界面中的元素风格进行分析。

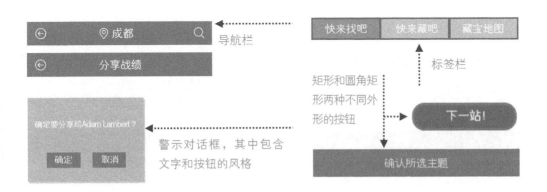

10.5 制作步骤详解

　　该款游戏的应用程序是以扁平化的设计理念进行创作的，界面中丰富的图标和组件是由多个不同颜色、外观的形状堆叠而成的。接下来我们将对其具体的制作步骤进行讲解。

1. 游戏欢迎界面

Step 01：在Photoshop中创建一个新的文档，使用"矩形工具"绘制矩形，填充上适当的颜色，无描边色，作为游戏欢迎界面的背景。

Step 02：选择工具箱中的"矩形工具"和"钢笔工具"绘制出所需的三个形状，分别填充上适当的颜色，无描边色，作为楼房的轮廓。

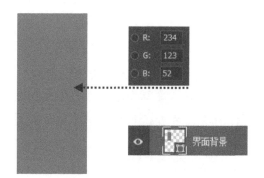

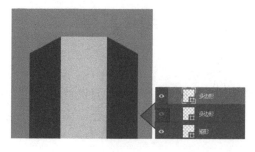

Step 03：选择工具箱中的"矩形工具"，在该工具的选项栏中设置参数。绘制出所需的矩形，作为楼房的窗户。在图像窗口中可以看到编辑的效果。

Step 04：选择工具箱中的"椭圆工具"绘制出多个圆形，将其组合在一个形状中，并填充上适当的颜色，无描边色，制作出所需的云朵形状。

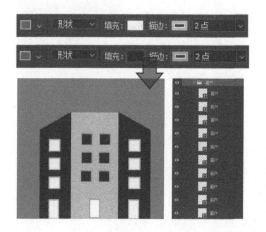

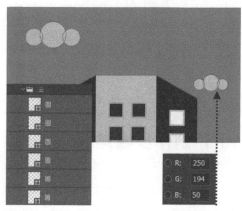

Step 05：选择工具箱中的"横排文字工具"，输入文字。打开"字符"面板对文字的属性进行设置。接着对文字的大小进行调整，把文字放在界面的中间。

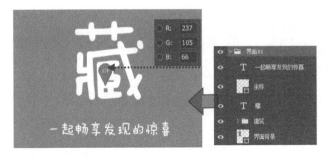

Step 06：选择工具箱中的"椭圆工具"和"钢笔工具"绘制出所需的坐标形状，填充上颜色。将其放在文字中适当的位置。在图像窗口中可以看到当前界面的编辑效果。

2. 藏宝路线选择界面

Step 01：对前面绘制的界面背景进行复制，更改其颜色为白色，接着复制绘制的楼房，调整其"不透明度"为15%。

Step 02：使用"矩形工具"绘制出导航栏的背景。接着添加文字，打开"字符"面板设置文字的属性。最后绘制出图标，放在导航栏上适当的位置。

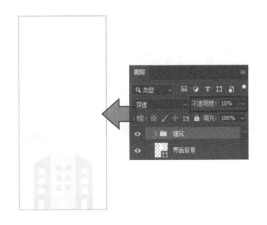

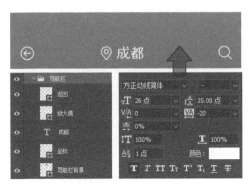

Step 03：选中工具箱中的"矩形工具"，在选项栏中对参数和颜色进行设置，绘制出所需的形状，将其组合在一起，制作出标签栏的背景。

Step 04：选择工具箱中的"横排文字工具"，输入文字，打开"字符"面板对文字的属性进行设置，把文字放在标签栏的上方。

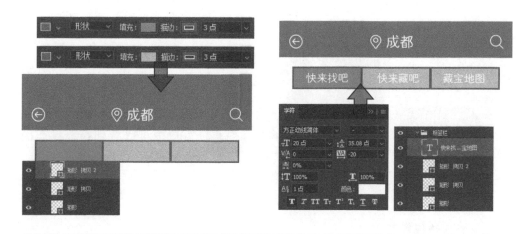

提示：如果在绘制形状之前，在形状工具选项栏中的"描边"选项中设置了描边的颜色和宽度，那么绘制后对形状的大小进行调整的同时，描边的宽度不会受到形状大小的影响。

Step 05：选中工具箱中的"矩形工具"，绘制线条。接着对线条的大小和角度进行调整，在线条的连接处绘制圆形。在图像窗口中可以看到绘制的效果。

Step 06：选择工具箱中的"圆角矩形工具"，在该工具的选项栏中进行设置。接着绘制出所需的形状，再添加上文字，打开"字符"面板设置文字的属性。

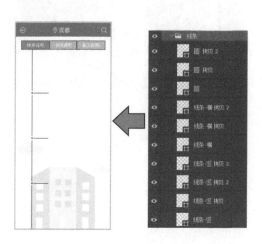

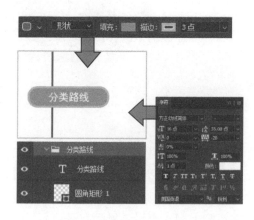

Step 07：参考前面绘制楼房的方法，使用工具箱中的形状工具绘制出所需的图标，将其放在线条的右侧。在图像窗口中可以看到编辑的效果。

Step 08：选择工具箱中的"矩形工具"，绘制出所需的矩形，放在图标的下方，并为其设置填充色，无描边色。在图像窗口中可以看到编辑的效果。

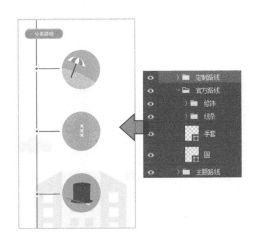

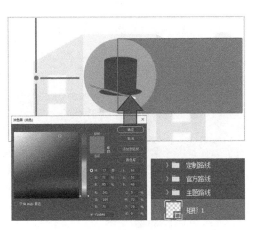

Step 09：创建图层组，将绘制的图标和矩形拖曳到其中。接着为该图层组应用"描边"图层样式，在相应的选项卡中设置参数。在图像窗口中可以看到编辑后的效果。

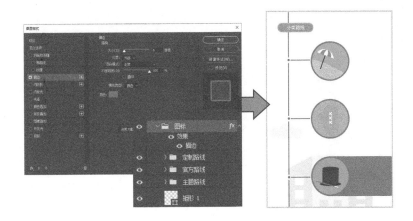

Step 10：选择工具箱中的"横排文字工具"，输入文字。打开"字符"面板分别对文字的属性进行设置，调整文字的位置。在图像窗口中可以看到当前界面制作的效果。

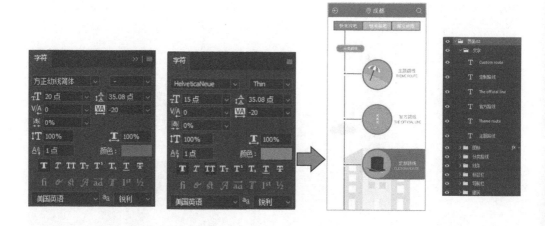

3. 游戏主线路界面

Step 01：对前面绘制的界面背景、导航栏、图标和文字等进行复制，调整这些元素的位置。在图像窗口中可以看到编辑的效果。

Step 02：选择工具箱中的"矩形工具"，绘制出大小不一的多个矩形，分别填充上颜色。完成界面中道路、菜单背景和按钮的制作。

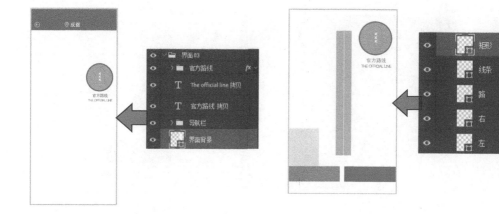

Step 03：将01.jpg素材添加到图像窗口中，适当调整其大小，使用图层蒙版对其显示进行控制。利用"描边"图层样式对其进行修饰。

Step 04：选择工具箱中的"钢笔工具"绘制出前进箭头和坐标的形状，填充上颜色，无描边色。将绘制的图标放在道路上适当的位置。

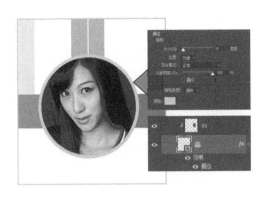

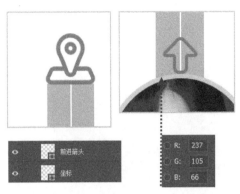

Step 05：选中工具箱中的"横排文字工具"。在适当的位置单击，输入文字，打开"字符"面板分别对文字的字体、字号和颜色等属性进行设置。在图像窗口中可以看到菜单和按钮上文字的编辑效果。

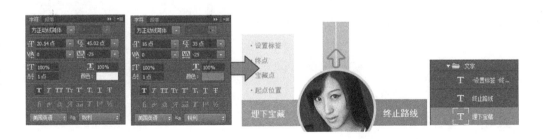

Step 06：参考前面绘制图标的方式和填色，绘制出界面所需的其他形状，将绘制的形状放在道路的两侧。在图像窗口中可以看到编辑的效果。

Step 07：选择工具箱中的"圆角矩形工具"，在其选项栏中进行设置。接着绘制出界面所需的按钮，打开"属性"面板，在面板中设置半径，更改图形外观。

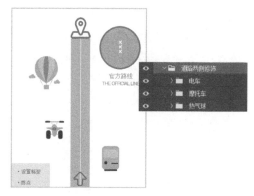

Step 08：在按钮上添加上文字，打开"字符"面板对文字的属性进行设置。应用相同的方法，在右侧绘制相似的图形并输入所需的文字。

Step 09：使用"钢笔工具"和"椭圆工具"绘制出指南针的形状。接着利用"横排文字工具"输入文字，打开"字符"面板对文字的属性进行设置。

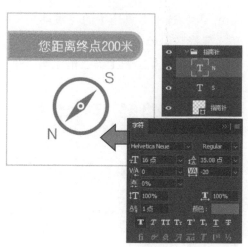

4. 游戏玩耍界面

Step 01：对前面绘制的界面背景、导航、底边道路、按钮等进行复制，适当调整、复制对象后，开始游戏玩耍界面的制作。在图像窗口中可以看到编辑的效果。

Step 02：选择工具箱中的"钢笔工具"，在其选项栏中对选项进行设置。调整描边的颜色，选择虚线进行绘制，制作出虚线的折线效果。

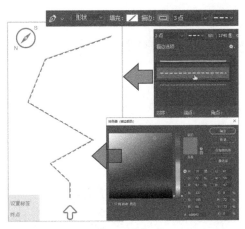

Step 03：选择工具箱中的"椭圆工具"，绘制出所需的圆形，将其分别放在折线上适当的位置，并填充上颜色，无描边色。在图像窗口可以看到编辑的效果。

Step 04：选择工具箱中的"横排文字工具"，在界面上适当的位置输入所需文字，打开"字符"面板对文字的属性进行设置。在图像窗口中可以看到编辑的效果。

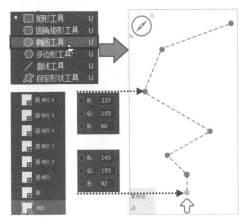

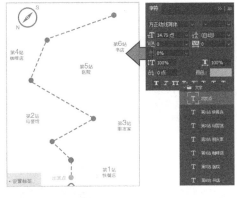

Step 05：参考前面绘制图标的方式及填色，绘制出界面上所需的图标，将图标放在文字的附近，并创建图层组对绘制的图层进行管理。在图像窗口中可以看到当前界面绘制的效果。

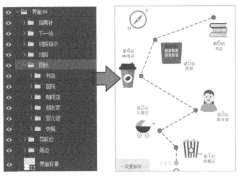

5. 地图选择界面

Step 01：对前面绘制的界面背景、导航和标签栏进行复制，调整复制后界面背景、导航、标签栏的位置。在图像窗口中可以看到编辑的效果。

Step 02：参考前面的绘制方法，绘制出界面所需的按钮。接着添加上文字，打开"字符"面板对文字的属性进行设置。在图像窗口中可以看到编辑的效果。

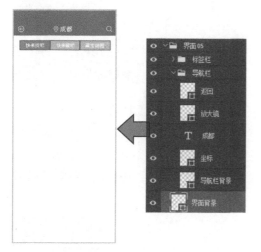

Step 03：选择工具箱中的"矩形工具"，绘制出所需的矩形，分别为其填充上颜色，无描边色。在图像窗口中可以看到编辑的效果。

Step 04：参考前面绘制图标的方法，在矩形上绘制所需的形状。在图像窗口中可以看到编辑的效果。

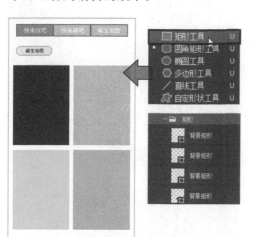

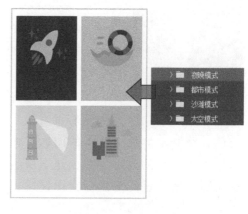

Step 05： 选择"横排文字工具"在适当的位置添加上文字，完善界面中的信息，参考前面编辑文字所用的字体进行设置。在图像窗口中可以看到编辑的效果。

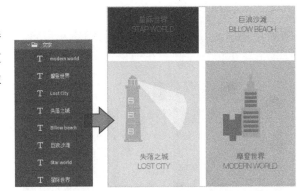

Step 06： 选择工具箱中的"矩形工具"绘制出所需的形状，填充颜色，作为按钮。接着添加上按钮上的文字，打开"字符"面板对文字的属性进行设置。

6. 游戏分享界面

Step 01： 对前面绘制的界面背景、导航栏进行复制。对导航栏中的文字进行更改，删减部分图标。在图像窗口中可以看到编辑的效果。

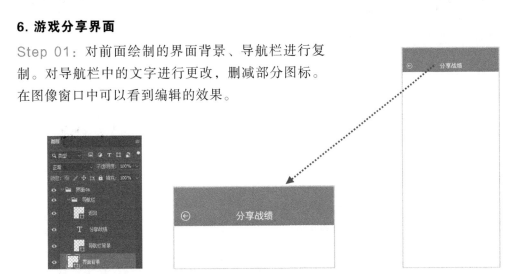

Step 02：将01.jpg素材添加到图像窗口中，适当调整其大小，得到01智能对象图层。接着使用"矩形选框工具"创建矩形选区，以选区为标准添加图层蒙版，对图像的显示进行控制。在图像窗口中可以看到编辑的效果。

> **提示：**想要创建出多个选区同时存在的效果，可以在使用选区工具创建选区之前，使用"添加到选区"模式来进行选区的创建。

Step 03：选择工具箱中的"矩形工具"绘制出所需的矩形线条，填充上颜色。接着复制图层，将线条放在界面适当的位置。在图像窗口中可以看到编辑的效果。

Step 04：选择"横排文字工具"添加上人名，打开"字符"面板对文字的属性进行设置。在图像窗口中可以看到添加文字后的效果。

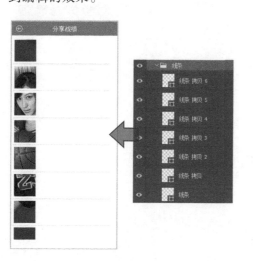

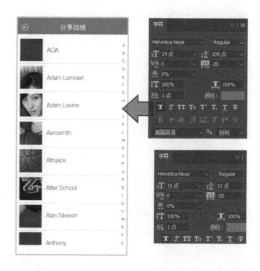

Step 05：选择工具箱中的"矩形工具"，绘制两个矩形，分别填充上颜色，无描边色。接着调整矩形的位置，作为弹出对话框的背景。

Step 06：选择"矩形工具"继续进行绘制，对绘制的两个矩形填充上颜色，无描边色，放在矩形对话框上，作为对话框中的按钮。

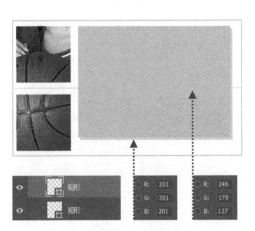

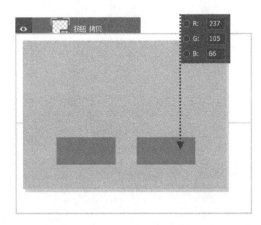

Step 07：选择工具箱中的"横排文字工具"，在弹出的对话框中单击，输入所需的文字信息，完善对话框的内容。打开"字符"面板对文字的属性进行设置，完成本案例的制作。

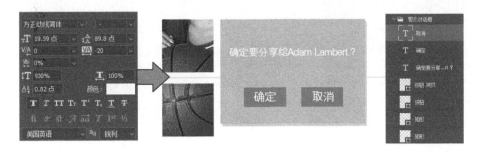

Part 11

音乐播放App设计

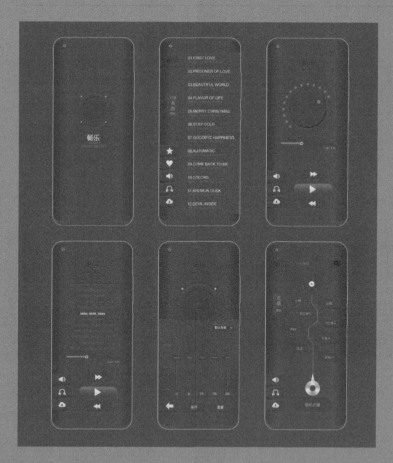

源文件：下载资源\11\源文件\音乐播放App设计.psd

11.1 界面布局规划

在本案例的设计中，我们使用按钮来对页面进行导航，而按钮是放在界面左下角的位置上的。由于各个功能的特殊性，接下来我们对几个具有代表性的功能进行布局，具体如下。

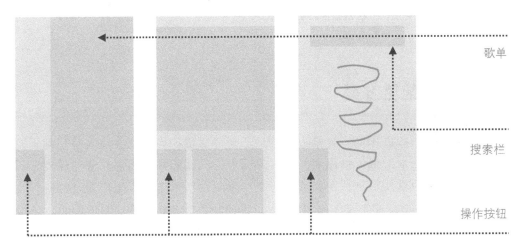

歌单

搜索栏

操作按钮

上图中的界面布局为本案例中的三个基础的界面布局，程序中的其他界面都是根据这三个布局来进行创作的。将操作按钮放在界面的左下角，不仅让界面布局有个性，还让用户更利于单手操作。

11.2 创意思路剖析

在本案例中最大的亮点就是音乐搜索界面的设计。该界面使用"信息树"作为创意点，将不同类型的歌曲放在枝丫上，直观而富有创意的设计让整个界面加分不少。接下来我们就对其创意的思路进行分析，其具体的内容如下。

信息树是数据或信息视图化表现的一种方式，就是从一个关键词出发，类似树枝状的发散出若干个信息分支。

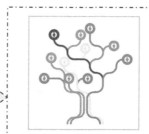

观察信息树素材的外形，构思歌曲搜索界面的大致内容。

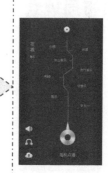

根据歌曲搜索的信息来安排界面的内容,模仿信息树的外观进行创作,设计出个性的界面效果。

11.3 确定配色方案

音乐由于旋律的不同，会给人不同的心情和感受，当然也会让人联想到不同的颜色。在设计本案例的过程中，由于界面中的立体感和质感都非常的强烈，想要突出界面中的重要信息，主要选择一个"点睛色"来进行搭配。通过对各种色相的颜色进行对比，我们选中了朱红色，这种介于红色和橙色之间的颜色。朱红由于红色特性明显，饱和度、明度都非常高，在暗色的背景上使用会非常抢眼。

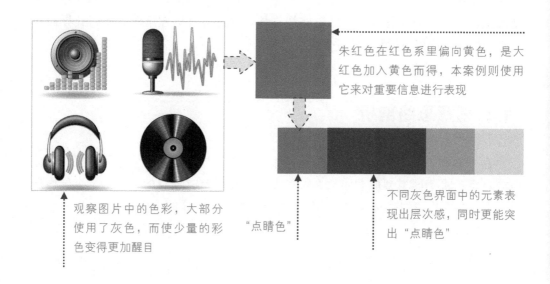

观察图片中的色彩，大部分使用了灰色，而使少量的彩色变得更加醒目

"点睛色"

朱红色在红色系里偏向黄色，是大红色加入黄色而得，本案例则使用它来对重要信息进行表现

不同灰色界面中的元素表现出层次感，同时更能突出"点睛色"

11.4 定义组件风格

在设计界面中的按钮、滑块、下拉列表等基础控件的过程中，将这些元素的外观制作成了立体感十足的效果。通过阴影、厚度、光泽的表现，展示出界面中元素的精致、细腻的感觉。接下来我们就对界面中的元素进行分析，其具体的内容如下图所示。

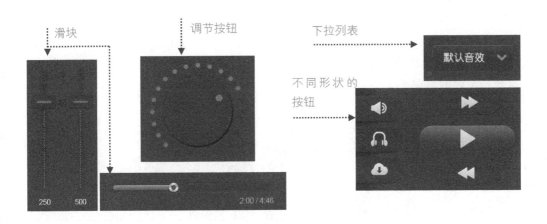

11.5 制作步骤详解

本案例是为Android系统设计的，因此在制作界面中的元素的时候，使用了多种图层样式对绘制的形状进行修饰。接下来我们介绍其制作方法，具体如下。

1.程序欢迎界面

Step 01：在Photoshop中创建一个新的文档，使用"矩形工具"绘制一个矩形，作为界面的背景。接着将矩形添加到选区，以选区为标准创建渐变填充图层，在打开的"渐变填充"对话框中对参数进行设置。在图像窗口中可以看到编辑的效果。

Step 02：选择工具箱中的"椭圆工具"，绘制一个圆形。接着在"图层"面板中将该图层的"填充"设置为0%。双击该图层，打开"图层样式"对话框，勾选"投影"和"渐变叠加"复选框，在相应的选项卡中设置参数。在图像窗口中可以看到编辑的效果。

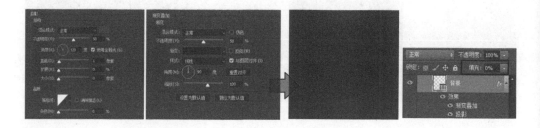

Step 03：使用"钢笔工具"绘制出所需的形状，接着双击绘制后得到的形状图层。在打开的"图层样式"对话框中勾选"斜面和浮雕"和"渐变叠加"复选框，使用这两个样式对绘制的形状进行修饰，并在相应的选项卡中设置参数。在图像窗口中可以看到编辑的效果。

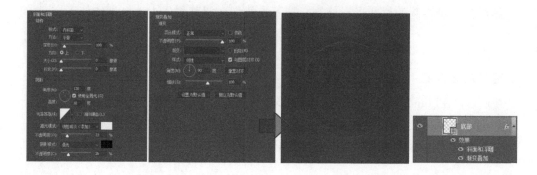

Step 04：选择工具箱中的"椭圆工具"，绘制一个圆形，使用"斜面和浮雕"、"投影"、"渐变叠加"和"颜色叠加"图层样式对绘制的圆形进行修饰，并在相应的选项卡中对各个选项进行设置。在图像窗口中可以看到编辑的效果。

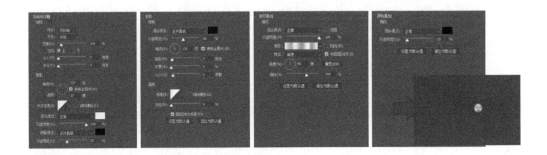

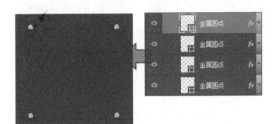

Step 05：对Step 04中编辑完成的圆形进行复制，调整复制后圆形的位置。在图像窗口中可以看到编辑的效果。

Step 06：使用"椭圆工具"绘制一个较大一点的圆形，使用"斜面和浮雕"、"内阴影"和"渐变叠加"图层样式对绘制的圆形进行修饰，并在相应的选项卡中设置参数。在图像窗口中可以看到编辑的效果。

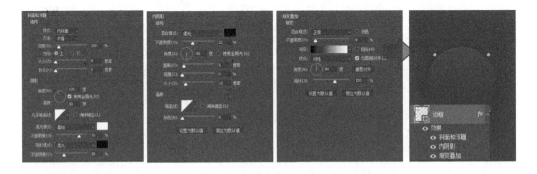

Step 07：再次绘制一个圆形，使用"斜面和浮雕"、"描边"和"渐变叠加"图层样式对绘制的圆形进行修饰，在相应的选项卡中设置参数。

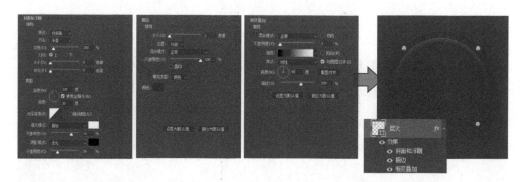

Step 08：为了体现出层次感，还需要绘制一个圆形，使用"内发光"、"内阴影"、"渐变叠加"和"颜色叠加"图层样式对绘制的圆形进行修饰，制作出音响中的网格。在图像窗口中可以看到编辑的效果。

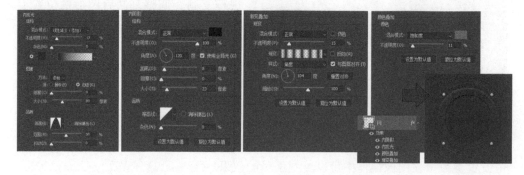

Step 09：绘制一个圆形，放在适当的位置，使用"斜面和浮雕"、"投影"、"渐变叠加"和"描边"图层样式对绘制的圆形进行修饰，并在相应的选项卡中进行设置。在图像窗口中可以看到编辑的效果。

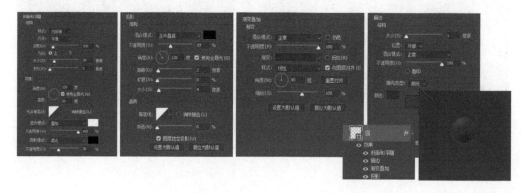

Step 10：选择工具箱中的"横排文字工具"，在适当的位置添加上所需的文字。打开"字符"面板对文字的属性进行设置。在图像窗口中可以看到添加文字的效果。

Step 11：使用"矩形工具"绘制一个矩形，放在文字中间的位置。接着为该图层添加上图层蒙版，使用"渐变工具"对蒙版进行编辑。

2. 本地音乐列表界面

Step 01：对前面制作的界面背景、文字等元素进行复制，开始本地音乐列表界面的制作，将文字放在界面的左上角位置。在图像窗口中可以看到编辑的效果。

Step 02：为"名称"图层组添加上"颜色叠加"和"投影"图层样式，在相应的选项卡中进行设置，制作出雕刻文字的效果。在图像窗口中可以看到编辑的结果。

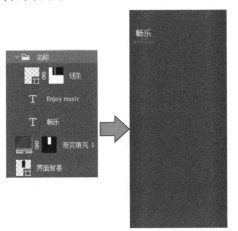

Step 03：绘制出所需的形状，使用
"内阴影"图层样式对其进行修饰，
在相应的选项卡中设置参数，将其作
为歌单文字的背景。在图像窗口中可
看到编辑的结果。

Step 04：选择工具箱中的"横排文字
工具"，输入所需的文字，打开"字
符"面板对文字的字体、字号和颜色
等信息进行设置。在图像窗口中可看
到效果。

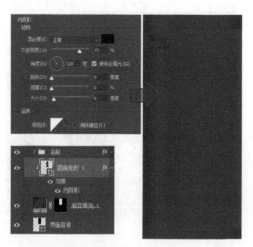

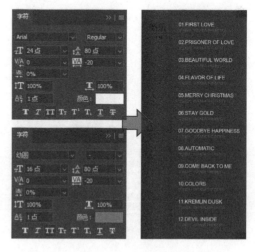

Step 05：选择工具箱中的"矩形工
具"，绘制一个灰色的矩形条，使用
"投影"图层样式对绘制的线条进行修
饰，在相应的选项卡中设置参数。在图
像窗口中可以看到编辑的效果。

Step 06：对绘制的线条进行复制，
调整线条的位置，放在每组文字的中
间。接着创建图层组，命名为"线
条"，将图层进行归类整理。

Step 07：选择工具箱中的"圆角矩形
工具"绘制出按钮的形状。接着使用
"斜面和浮雕"、"渐变叠加"和"投
影"图层样式对按钮形状进行修饰。

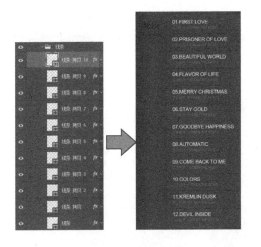

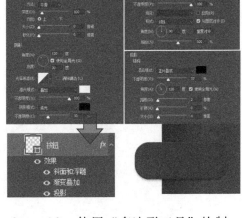

Step 08：对绘制的"按钮"图层进行复制，得到相应的拷贝图层。调整按钮的位置，放在界面的左侧，以相同的间距进行排列。在图像窗口中可以看到编辑的效果。

Step 09：使用"多边形工具"绘制一个五角星，使用"渐变叠加"、"描边"、"内阴影"和"投影"图层样式对绘制的五角星形状进行修饰。

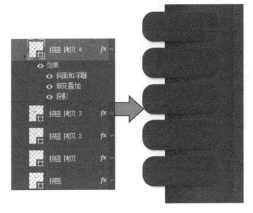

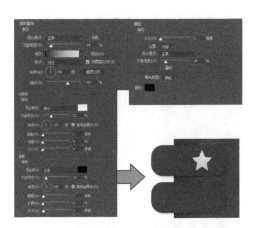

Step 10：使用工具箱中的形状工具，绘制出所需的其他的形状。参考五角星形状所添加的图层样式，为其他的形状也添加上相应的图层样式，把编辑的形状放在按钮上。在图像窗口中可以看到编辑的效果。

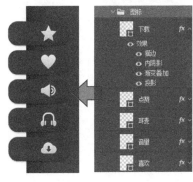

Step 11：将绘制的按钮形状和图标形状添加到创建的"按钮"图层组中。接着将界面背景的矩形添加到选区中，以选区为标准为"按钮"图层组添加上图层蒙版，控制按钮的显示范围。在图像窗口中可以看到编辑的效果。

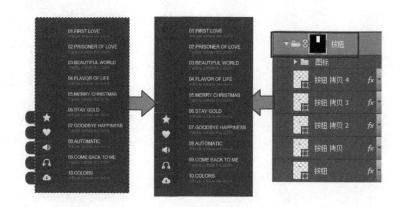

Step 12：使用"圆角矩形工具"绘制一个圆角矩形，利用"内阴影"图层样式对绘制的形状进行修饰。接着选择"横排文字工具"，输入所需的文字，打开"字符"面板对文字的属性进行设置。在图像窗口中可以看到编辑的效果。

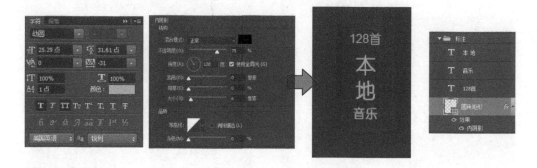

3. 重低音调节界面

Step 01：对前面绘制的按钮、名称和界面背景等元素进行复制，调整名称的位置，并对"按钮"图层组中的按钮进行适当删减，开始重低音调节界面的制作。

Step 02：使用"椭圆工具"绘制多个圆形，按照一定的位置进行排列，设置其"填充"为0%，使用"外发光"图层样式对其进行修饰。

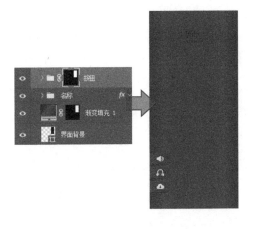

Step 03：对前面绘制的圆形进行复制，重新命名图层后，清除其应用的图层样式，使用"内阴影"和"渐变叠加"图层样式对圆形进行修饰，在相应的选项卡中设置参数。在图像窗口中可以看到编辑的效果。

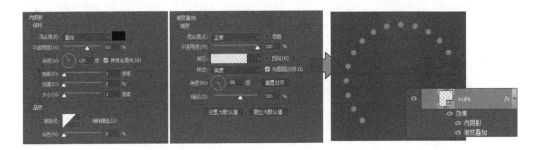

Step 04：使用"椭圆工具"绘制一个圆形，使用"内阴影"、"投影"和"颜色叠加"图层样式对绘制的圆形进行修饰，在相应的选项卡中设置参数，放在界面适当的位置。在图像窗口中可以看到编辑的效果。

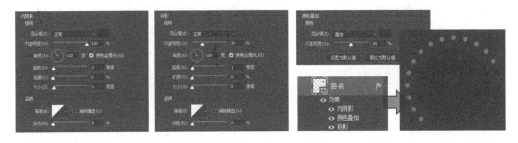

Step 05：使用"椭圆工具"再绘制一个圆形，使用"斜面和浮雕"、"渐变叠加"和"投影"图层样式对绘制的圆形进行修饰，在相应的选项卡中设置参数，放在界面适当的位置。在图像窗口中可以看到编辑的效果。

Step 06：使用"椭圆工具"绘制出圆形的光点，使用"内发光"、"外发光"和"投影"图层样式进行修饰，具体的设置可以根据前面橘色圆点的参数来进行调整。

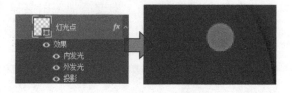

Step 07：使用"圆角矩形工具"绘制出所需的形状，利用"内阴影"和"投影"样式对其进行修饰，在相应的选项卡中对参数进行设置。

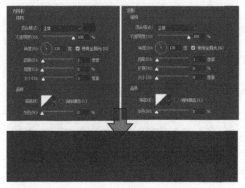

Step 08：再绘制一个圆角矩形，使用"斜面和浮雕"图层样式对绘制的形状进行修饰，作为滑块的轨道。

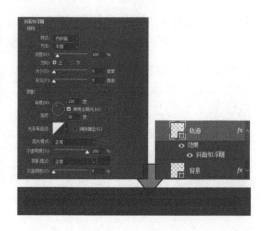

Step 09：再次绘制一个圆角矩形，作为已播放部分的形状。接着使用"内阴影"、"渐变叠加"和"投影"图层样式对绘制的圆角矩形进行修饰，在相应的选项卡中设置参数。在图像窗口中可以看到编辑的效果。

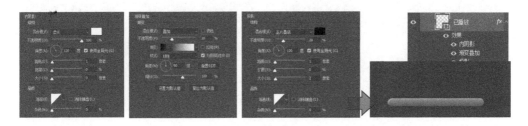

Step 10：使用"椭圆工具"绘制出所需的圆形，放在已播放形状的右侧。接着使用"斜面和浮雕"、"颜色叠加"、"渐变叠加"和"投影"图层样式对绘制的圆形进行修饰，并在相应的选项卡中设置参数。在图像窗口中可以看到编辑的效果。

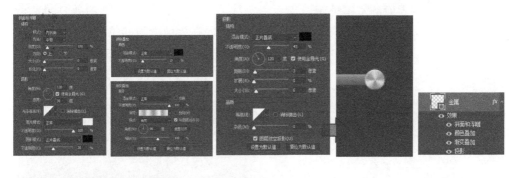

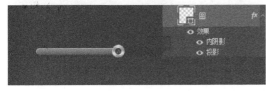

Step 11：绘制另外一个圆形，作为金属外观圆形的层次，使用"内阴影"和"投影"图层样式进行修饰，参考前面的设置进行参数调整。

Step 12：选择工具箱中的"横排文字工具"，在滑块的下方输入所需的时间，打开"字符"面板对文字的属性进行设置。在图像窗口中可以看到编辑的效果。

Step 13：参考前面绘制按钮和设置按钮图层样式的参数，制作出另外的三个播放按钮，放在界面适当的位置，完成当前界面的制作。

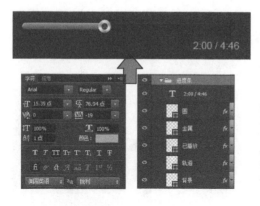
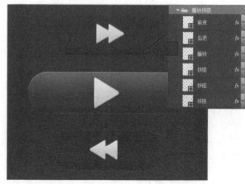

4. 歌词显示界面

Step 01：对前面绘制的界面背景、滑块、按钮等元素进行复制。在图像窗口中可以看到该界面的基本外观。

Step 02：选择工具箱中的"横排文字工具"，输入所需的歌词。接着打开"字符"面板对文字的属性进行设置，放在界面适当的位置。

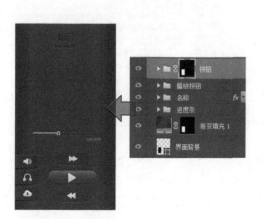
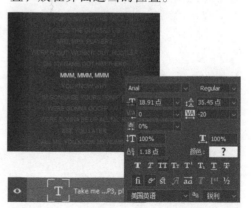

Step 03：使用"矩形工具"绘制一个矩形条，填充上适当的颜色，无描边色，使用"投影"和"颜色叠加"图层样式对绘制的矩形条进行修饰。在相应的选项卡中设置参数，把矩形条放在歌词文字的上方。在图像窗口中可以看到编辑的效果。

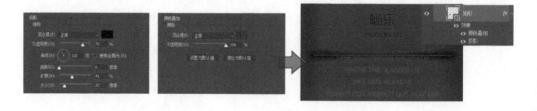

Step 04：将编辑完成的"矩形"形状图层和文字图层添加到创建的"歌词"图层组中，为该图层组添加上图层蒙版，使用选框工具和画笔工具对图层蒙版进行编辑，制作出渐隐的效果。在图像窗口中可以看到编辑的效果。

5. 声道调节界面

Step 01：对前面绘制的"名称"图层组、界面背景、扬声器等对象进行复制，调整这个对象的位置，开始声道调节界面的制作。在图像窗口中可以看到编辑的效果。

提示：选中所需的图层或图层组，按下Ctrl+J组合键，可以对选中的图层或图层组进行快速复制。

Step 02：使用"矩形工具"绘制一个矩形，将该图层的"不透明度"设置为70%，使用"斜面和浮雕"、"投影"和"渐变叠加"图层样式对绘制的矩形进行修饰，在相应的选项卡中设置参数。在图像窗口中可以看到编辑的效果。

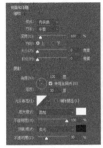

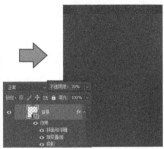

Step 03：使用"圆角矩形工具"绘制出一个圆角矩形，填充上适当的颜色。接着使用"内阴影"和"投影"图层样式对其进行修饰，在相应的选项卡中设置参数，把编辑的圆角矩形放在Step 02中编辑的矩形上方。

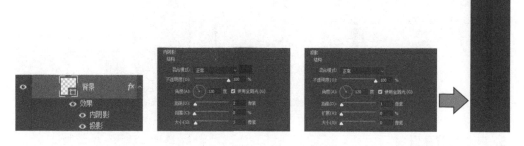

Step 04：使用"椭圆工具"绘制若干个圆形，填充上适当的颜色。使用"外发光"图层样式对绘制的形状进行修饰，将其放在圆角矩形上方。

Step 05：参考前面绘制滑块的方法和设置，绘制出调节滑块上的按钮和光，将其放在适当的位置。在图像窗口中可以看到编辑的效果。

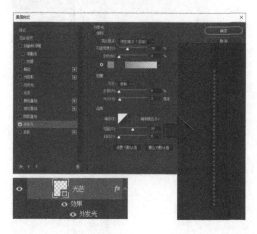

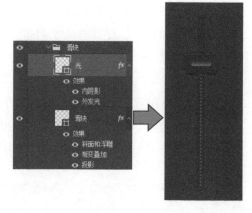

Step 06：将编辑完成的"滑块"复制4份，适当调整每个滑块之间的距离，以等距的方式进行排列。在图像窗口中可以看到编辑的效果。

Step 07：选择工具箱中的"横排文字工具"在界面上适当的位置输入所需的刻度，打开"字符"面板对文字的属性进行设置。在图像窗口中可以看到编辑的效果。

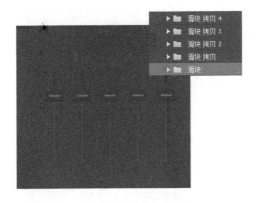

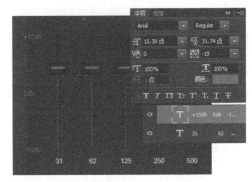

Step 08：参考前面绘制按钮的方式和设置，制作出下拉菜单的形状，将其放在界面适当的位置。在图像窗口可以看到编辑结果。

Step 09：参考前面制作按钮的方式和图层样式的设置，制作出该界面所需的其他的按钮，放在界面的底部位置。

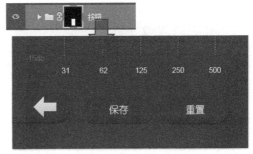

6. 音乐搜索界面

Step 01：对前面绘制的标注、名称、按钮和界面背景进行复制。调整"标注"图层组中文字的内容，开始音乐搜索界面的制作。在图像窗口可以看到编辑效果。

Step 02：使用"圆角矩形工具"绘制出文本框的形状，设置"填充"为20%。使用"投影"和"内阴影"图层样式对其进行修饰，在相应的选项卡中设置参数。

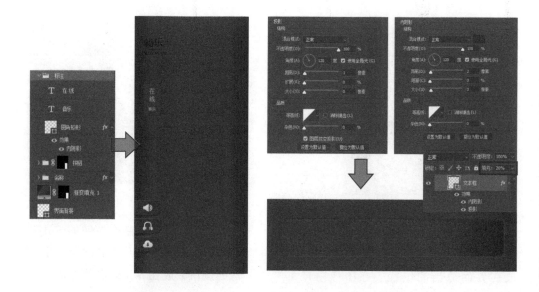

Step 03：使用"横排文字工具"输入"开始搜索"的字样，打开"字符"面板对文字的属性进行设置。再使用"投影"图层样式对文字进行修饰。

Step 04：绘制出所需的放大镜的形状，填充上黑色，使用"投影"样式对其进行修饰。在相应的选项卡中设置参数，将放大镜形状放在文本框的后面。

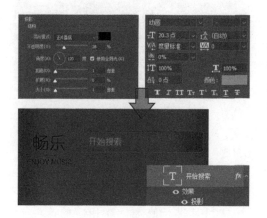

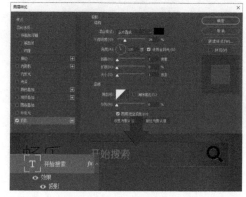

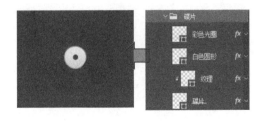

Step 05：参考前面绘制界面的方式，使用"椭圆工具"绘制出碟片的外形，添加上多种图层样式，对绘制的碟片的颜色和层次进行修饰。在图像窗口中可以看到编辑的效果。

Step 06：选择工具箱中的"矩形工具"，绘制若干个矩形，填充上适当的颜色，对矩形的位置和角度进行调整，制作出折线的效果。

Step 07：使用"圆角矩形工具"绘制出圆角矩形形状。接着创建图层组，命名为"按钮"，使用与前面制作按钮相同的图层样式对图层组进行修饰。

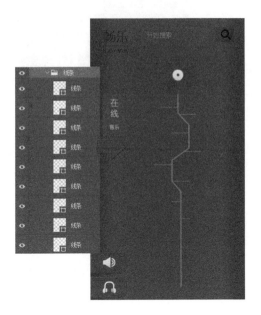

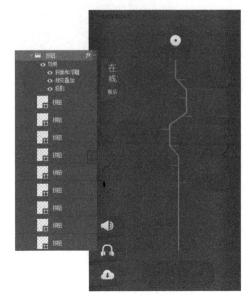

Step 08：选择工具箱中的"横排文字工具"，输入所需的文字，放在每个圆角矩形上。打开"字符"面板对文字的属性进行设置。在图像窗口中可以看到编辑的效果。

Step 09：使用"钢笔工具"和"椭圆工具"绘制出所需的点播形状，分别使用多种图层样式对其进行修饰，完成本案例的制作。在图像窗口中可以看到最终的编辑效果。

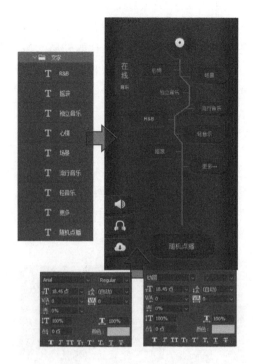

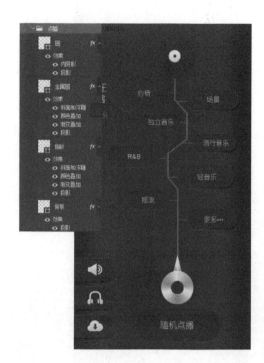

Part 12

旅游资讯App设计

素材：下载资源\12\素材\01、02.jpg

源文件：下载资源\12\源文件\旅游资讯App设计.psd

12.1 界面布局规划

本案例是以旅游为主题设计的应用程序，提供的功能贯穿游客整个旅行过程，根据游客经历的不同阶段提供不同的产品和服务。接下来我们就对该应用程序的界面布局进行大致规划。

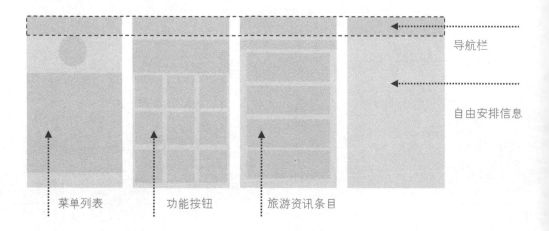

由于该应用程序是一个内容丰富且功能较多的应用程序，因此在本案例中我们只对几个较为典型和常用的界面进行介绍。

12.2 创意思路剖析

在设计本案例之前，首先要考虑到应用程序中多个功能的安排与交互式设计，如何让多种功能完整地显示出来，并且方便用户使用。由于移动设计的界面尺寸有限，所以设计的范围也是有限的。我们在创作之前先来观察手机拨号界面是如何对多个数字控件进行安排的，进而创作出操作简易、功能清晰的界面，其具体内容如下。

多种功能在单个界面中，如何安排好这些功能的位置，以最佳的方式将这些功能的作用和信息呈现出来，是在设计时需要考虑的。

拨号界面中的按钮以九宫格的方式呈现。

通过将界面功能图标、文字与按钮结合的方式，展示出单个界面中的多种不同功能。

12.3 确定配色方案

在对本案例进行制作之前，让我们一起来看几张关于旅游的图片，一张是行李箱，一张是风景照，从照片中我们可以很自然地感受到大自然的味道，那是因为图片都是以绿色调为主的。由于绿色是大自然的颜色，代表着植物和生命，自然而然就会给人神清气爽的感觉。因此，我们在设计旅游App的过程中，也可以使用绿色作为界面的主色调，同时搭配上其他几种和谐的颜色，共同对界面进行打造，其配色方案具体如下。

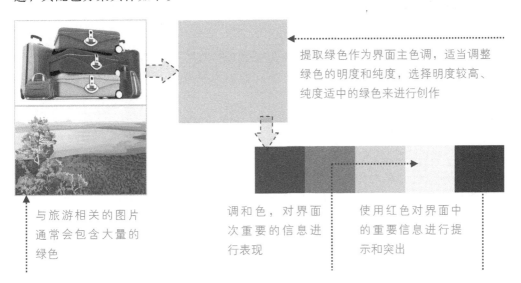

提取绿色作为界面主色调，适当调整绿色的明度和纯度，选择明度较高、纯度适中的绿色来进行创作

与旅游相关的图片通常会包含大量的绿色

调和色，对界面次重要的信息进行表现

使用红色对界面中的重要信息进行提示和突出

12.4 定义组件风格

由于本案例是为Android系统设计的应用程序，因此可以为界面中的基础元素添加上丰富的特效，由此也可以给用户较好的视觉体验。如下图所示为本案例界面中的一些基础元素，可以看到这些元素都具有很强的层次感。

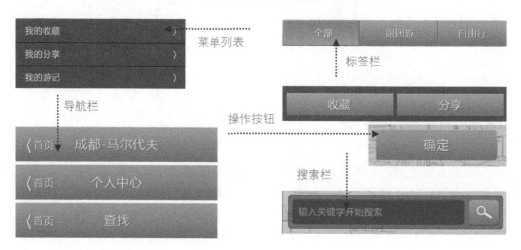

12.5 制作步骤详解

在制作应用程序的过程中，使用了多种图层样式对界面中的按钮、导航栏和文字进行修饰，并且应用了图层混合模式叠加风景底纹到界面背景中，其具体的制作步骤如下。

1. 应用程序欢迎界面

Step 01：在Photoshop中创建一个新的文档，使用"矩形工具"绘制矩形，填充上颜色，无描边色，作为界面的背景。将01.jpg素材添加到图像窗口中，使用剪贴蒙版对图像的显示进行控制，调整图层的混合模式为"颜色加深"。

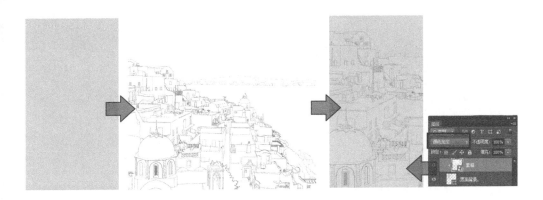

Step 02：选择工具箱中的"横排文字工具"，输入六个文字。打开"字符"面板对文字的属性进行设置，对文字的大小和角度进行调整，作为界面的标题。

Step 03：使用"内阴影"、"渐变叠加"和"投影"图层样式对输入的文字进行修饰，并在相应的选项卡中设置参数。完成设置后，将设置好的图层样式复制粘贴到其他的文字图层中。在图像窗口中可以看到编辑的效果。

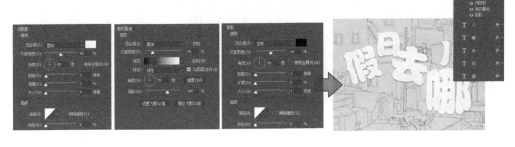

Step 04：选择工具箱中的"钢笔工具"和"椭圆工具"，绘制出界面所需的太阳和汽车形状，使用与文字相同的图层样式对绘制的形状进行修饰。

Step 05：创建图层组，将绘制的形状和编辑的文字图层拖曳到其中，使用与Step 03中相同的图层样式对图层组进行修饰。在图像窗口中可以看到编辑的效果。

Step 06：选择工具箱中的"圆角矩形工具"，在其选项栏中设置参数。接着绘制出所需的形状，作为按钮放在界面适当的位置。

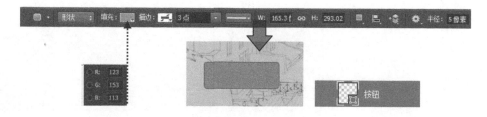

Step 07：使用"内阴影"、"渐变叠加"和"投影"图层样式对绘制的按钮进行修饰，在相应的选项卡中对参数进行设置，让绘制的圆角矩形呈现出立体的视觉效果。在图像窗口中可以看到按钮编辑的效果。

Step 08：选择工具箱中的"横排文字工具"，输入"点击进入"的字样，打开"字符"面板对文字的属性进行设置。接着使用"投影"图层样式对文字进行修饰，将文字放在按钮的上方，完成当前界面的制作。

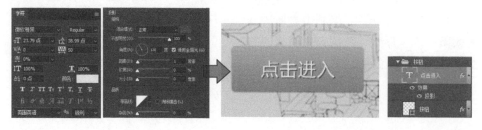

2.个人中心界面

Step 01：对前面编辑的界面背景进行复制。在图像窗口中可以看到复制的界面背景效果。

Step 02：绘制出所需的矩形，作为导航栏的背景，使用与前面修饰按钮相同的图层样式对绘制的矩形进行修饰。在图像窗口中可以看到编辑的效果。

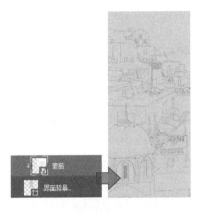

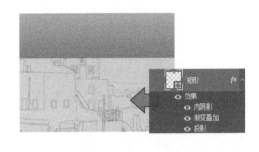

Step 03：选择工具箱中的"横排文字工具"，输入导航栏中所需的文字，打开"字符"面板对文字的属性进行设置。接着使用"投影"图层样式对文字进行修饰，将文字放在导航栏矩形的上方。在图像窗口中可以看到导航栏编辑完成的效果。

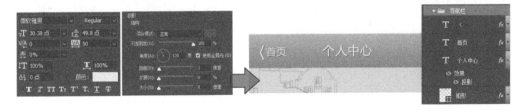

Step 04：选择工具箱中的"矩形工具"，在选项栏中设置参数，绘制出所需的矩形，作为菜单选项的背景。使用"内阴影"图层样式对绘制的矩形进行修饰，并在"图层"面板中设置"不透明度"为90%。

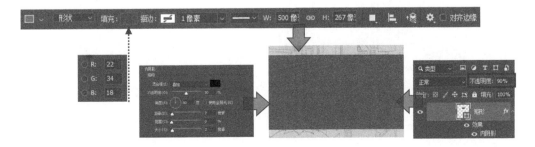

Step 05：选择工具箱中的"矩形工具"，绘制出所需的线条。接着使用"投影"和"颜色叠加"图层样式对绘制的线条进行修饰，将线条放在菜单选项背景上，对矩形进行合理分割。

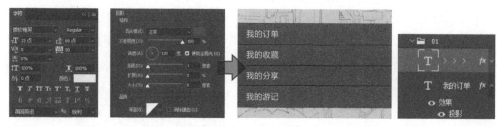

Step 06：选择工具箱中的"横排文字工具"，输入所需的文字，打开"字符"面板对文字的属性进行设置。接着使用"投影"图层样式对文字进行修饰，将文字放在界面适当的位置。在图像窗口中可以看到编辑的效果。

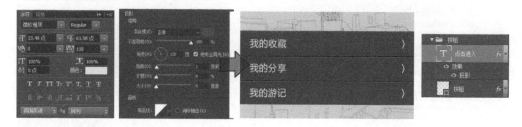

Step 07：参考前面的编辑方法，制作出其他内容的菜单，将制作的菜单按照所需的位置进行排列，并使用图层组对图层进行管理。

Step 08：将02.jpg素材添加到图像窗口中，适当调整其大小，使用"椭圆选框工具"创建选区，利用选区创建图层蒙版，对图像的显示进行控制。

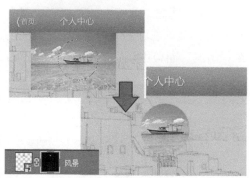

Step 09：双击"风景"图层，在打开的"图层样式"对话框中勾选"描边"复选框，在相应的选项卡中设置参数，对图像进行修饰。

Step 10：选择工具箱中的"横排文字工具"，输入文字，打开"字符"面板对文字的属性进行设置。接着使用"投影"图层样式对文字进行修饰。

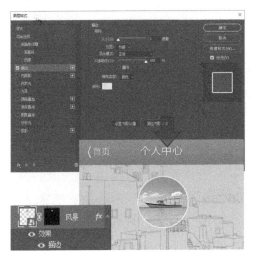

3.生态旅游设置界面

Step 01：对前面绘制的界面背景和导航栏进行复制，调整导航栏中的文字内容，开始生态旅游设置界面的制作。在图像窗口中可以看到编辑的效果。

Step 02：对前面绘制的菜单选项的背景进行复制，调整其位置。在图像窗口中可以看到编辑的效果。

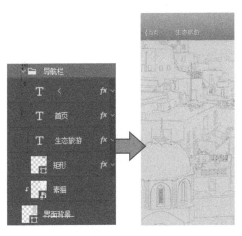

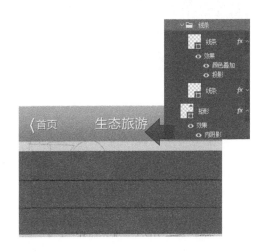

Step 03：选择工具箱中的"横排文字工具"，输入所需的文字，打开"字符"面板对文字的属性进行设置。接着使用"投影"图层样式对文字进行修饰，将文字放在菜单选项背景的上方。在图像窗口中可以看到编辑的效果。

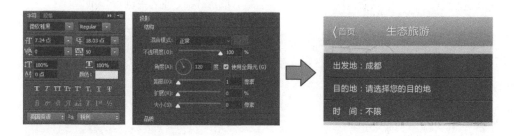

Step 04：参考前面制作"点击进入"按钮的制作方法，制作出"确定"按钮，将其放在界面适当的位置。在图像窗口中可以看到编辑的效果。

Step 05：使用"矩形工具"绘制出所需的正方形，将按钮中使用的图层样式复制、粘贴到图层中。接着复制"矩形"图层，将矩形按照所需的位置进行排列。

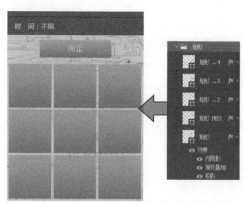

Step 06：选择工具箱中的"横排文字工具"，输入所需的文字，打开"字符"面板对文字的属性进行设置。接着使用"投影"图层样式对文字进行修饰，将文字放在矩形的上方。在图像窗口中可以看到编辑的效果。

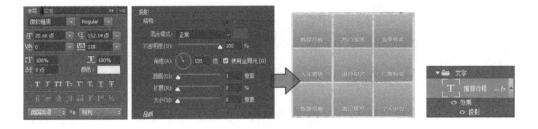

Step 07：选择工具箱中的"矩形工具"，在其选项栏中选择"合并形状"选项，绘制出所需的图标，设置颜色进行修饰。在图像窗口中可以看到编辑的效果。

Step 08：使用"内阴影"、"描边"、"渐变叠加"和"投影"图层样式对绘制的图标进行修饰，并在相应的选项卡中设置参数，设置"图层"面板中的"填充"为90%。在图像窗口中可以看到编辑的效果。

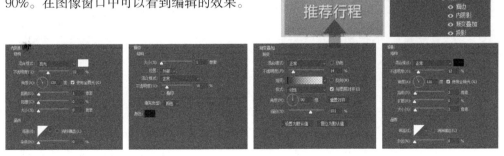

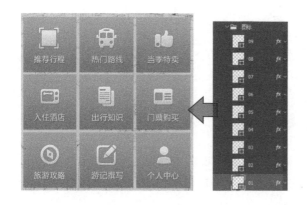

Step 09：参考前面的绘制方法，绘制出界面所需的其他的图标。使用与Step 08中相同的图层样式对绘制的图层进行修饰，将图标放在矩形上方。在图像窗口中可以看到当前界面的编辑效果。

4.旅游项目选择界面

Step 01：对前面绘制的界面背景和导航栏进行复制，调整导航栏中的文字内容，开始旅游项目选择界面的制作。在图像窗口中可以看到编辑的效果。

Step 02：使用"矩形工具"绘制一个矩形，使用与选项栏背景矩形相同的图层样式对其进行修饰。在图像窗口中可以看到编辑的效果。

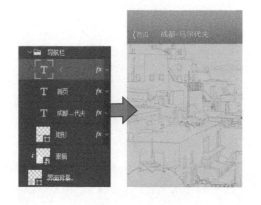

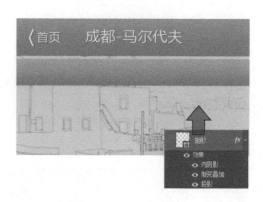

Step 03：使用"矩形工具"绘制出所需的线条，对绘制的矩形进行分割，使用"渐变叠加"和"投影"图层样式对绘制的线条进行修饰，并在相应的选项卡中设置参数。在图像窗口中可以看到编辑的效果。

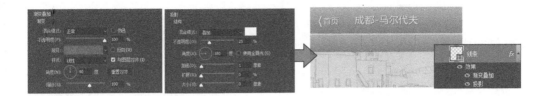

Step 04：再次绘制一个矩形，使用"内阴影"、"渐变叠加"和"投影"图层样式对其进行修饰，制作出内凹的视觉效果，作为标签栏中选中状态的选项背景。

Step 05：使用"横排文字工具"输入所需的文字，设置文字的颜色、字体等属性。接着使用"投影"图层样式对文字进行修饰。

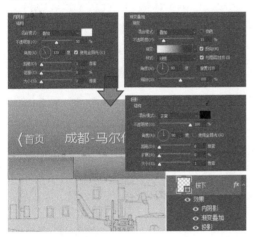

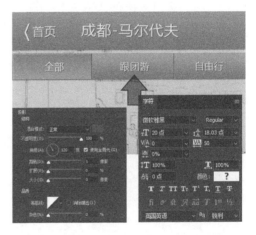

Step 06：参考前面绘制菜单背景的方法，绘制出所需的形状，对界面余下部分的空间进行布局。在图像窗口中可以看到编辑的效果。

Step 07：将02.jpg素材添加到图像窗口中，适当调整其大小。接着使用"矩形选框工具"创建矩形选区，对其显示进行控制。

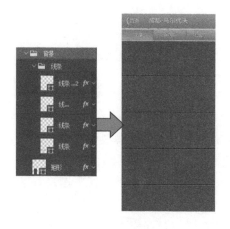

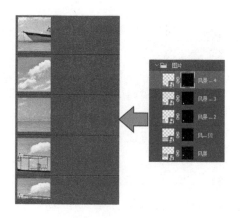

Step 08：使用"横排文字工具"输入所需的文字，参考前面的文字设置来对文字的字体、颜色等进行调整。在图像窗口中可以看到编辑的效果。

Step 09：对编辑完成的文字进行复制，调整文字的位置，按照相同的距离对文字的间距进行调整。在图像窗口中可以看到当前界面编辑完成的效果。

5. 搜索查找界面

Step 01：对前面绘制的界面背景和导航栏进行复制，调整导航栏中的文字内容，开始搜索查找界面的制作。在图像窗口中可以看到编辑的效果。接着绘制出一个圆角矩形，使用"内阴影"、"投影"和"描边"图层样式进行修饰，并设置"填充"为50%。

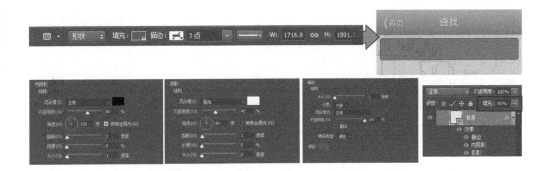

Step 02：使用"圆角矩形工具"，在其选项栏中进行设置，绘制出所需的形状。使用"内阴影"图层样式对绘制的圆角矩形进行修饰，作为搜索栏的文本框。

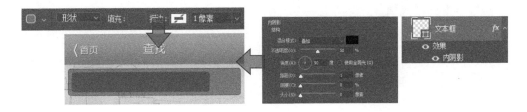

Step 03：选择"横排文字工具"添加所需的文字，并参考前面的制作绘制出搜索按钮，完成搜索栏的制作。在图像窗口中可以看到编辑的效果。

Step 04：参考前面制作按钮的方法，制作出界面所需的其他的按钮，并为按钮添加上所需的文字。在图像窗口中可以看到当前界面制作完成的效果。

提 示：在"图层"面板中想要对当前图层应用另外一个图层中的样式，可以在"图层"面板中，按住Alt键的同时并从图层的效果列表中拖动样式，以将其拷贝到另一个图层。

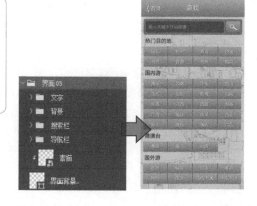

6.景区详情介绍界面

Step 01：参考前面的制作绘制出界面的大致布局，添加上按钮、导航栏和背景等元素，开始景区详情介绍界面的制作。

Step 02：为界面添加上文字、图片等信息，参考前面的制作和设置进行修饰，完成本案例的编辑。